실내건축기능사 실기
작업형

유희정 편저

- 책의 내용을 크게 기초제도, 과년도 문제, 실전 문제의 3가지로 구성하여 학습이 용이
- 기초제도 작도법은 단계별 제도방법과 해설 제시로 학습의 이해력을 증진
- 실제 시험에 대한 적응력을 높이도록 기출문제를 선별하여 구성

CRAFTSMAN
INTERIOR
ARCHITECTURE

예문사

PREFACE 머리말

본 교재는 실내건축자격증 실기 강의를 해오며 쌓은 노하우와 실무 경험으로 실내건축의 기초 지식을 전달하고자 집필되었습니다. 기초적인 지식을 단계별로 구성하여 건축 분야를 처음 시작하는 수험생들이 이해하기 쉽게 하였고, 매년 새로워지는 다양한 기출문제와 표준자료를 토대로 시험 준비에 큰 어려움이 없도록 하는 데 중점을 두었습니다.

이 교재를 통하여 실내건축자격증 실기시험에 대비하는 수험생들이 효과적으로 지식을 습득할 수 있길 바라며, 모든 수험생들이 본 학습서를 통하여 반드시 좋은 성과를 거두기를 진심으로 바랍니다.

끝으로 이 책이 출판될 수 있도록 해주신 예문사 출판사 관계 직원 여러분의 많은 노고에 다시 한번 감사드립니다.

저자 유희정

■ 본 학습서의 특징

첫째. 책의 내용을 크게 기초제도, 과년도 문제, 실전 문제의 3가지로 구성하여 학습이 용이하도록 하였다.

둘째. 기초제도 작도법은 단계별 제도방법과 해설 제시로 학습의 이해력을 증진하도록 하였다.

셋째. 실제 시험에 대한 적응력을 높이도록 문제를 선별하여 구성하였다.

INFORMATION 시험정보

❶ 실내건축기능사 실기시험 안내

■ 시험개요

실내공간은 기능적 조건뿐만 아니라, 인간의 예술적, 정서적 욕구의 만족까지 추구해야 하는 것으로, 실내공간을 계획하는 일정 분야는 환경에 대한 이해와 건축적 이해를 바탕으로 기능적이고 합리적인 계획, 시공 등의 업무를 수행할 수 있는 지식과 기술이 요구되므로, 이러한 능력을 갖춘 인력을 양성하기 위한 자격증 시험이다. [한국산업인력공단 참조(http://www.hrdkorea.or.kr)]

■ 출제경향

실내건축의 실제에 있어 각종 유형의 실내디자인을 계획하고, 실무 도면을 작성하기 위한 평면도, 천장도, 입면도, 실내투시도 등의 작성능력을 평가한다.

■ 시험수수료

필기 : 14,500원 / 실기 : 22,100원

■ 직무내용

건축공간을 기능적, 미적으로 계획하기 위하여 현장분석자료 및 기본 개념을 가지고 공간의 기능에 맞게 면적을 배분하여 공간을 계획 및 구성하며, 이러한 구성 개념의 표현을 위하여 개념도, 평면도, 천장도, 입면도, 투시도 및 재료 마감표 작성하고, 설계도서에 의거하여 현장업무 등을 수행하는 직무이다.

■ 진로 및 전망

건축설계사무실, 건설회사, 인테리어사업무, 인테리어전문업체, 백화점, 박물관, 설계회사, 전시관설계회사, 방송국, 모델하우스 전문시공업체, 디스플레이전문업체(VMD) 등에 다양하게 취업할 수 있다.

■ 취득방법

시행처	한국산업인력공단홈페이지(홈페이지) : http://www.hrdkorea.or.kr]
응시자격	제한 없음
시험과목	• 필기 : 1. 실내디자인 2. 실내환경 3. 실내건축재료 4. 건축일반 • 실기 : 실내건축 작업
검정방법	• 필기 : 객관식 4지 택일형 60문항(60문) * 기능사 필기시험 CBT(Computer Based Testing) 방식 • 실기 : 작업형(5시간 정도, 100점)
합격기준	100점 만점에 60점 이상 득점자

❷ 응시자격

큐넷(www.q-net.or.kr) 자격검색으로 응시자격 자가진단이 가능하다. 응시자격 자가진단은 시험 접수 전 본인의 응시자격 여부를 스스로 진단해 보는 것으로서, 실제 제출서류의 사실관계 등에 따라 결과가 달라질 수 있으므로 유의해야 한다.

실내건축기능사	실내건축산업기사	실내건축기사
• 제한 없음 • 실업계 고등학교의 관련 학과(선정수요 맞춤형 고등학교 및 특성화 고등학교의 필기시험 면제자 검정)	• 기능사 취득 후 + 실무경력 1년 • 대졸(관련 학과) • 전문대졸(관련 학과) • 실무경력 2년 • 동일 및 유사 직무 분야의 다른 종목 산업기사 등급 이상 취득자	• 산업기사 취득 후 + 실무경력 1년 • 기능사 취득 후 + 실무경력 3년 • 대졸(관련 학과) • 2년제 전문대졸(관련 학과) + 실무경력 2년 • 3년제 전문대졸(관련 학과) + 실무경력 1년 • 실무경력 4년 • 동일 및 유사 직무 분야의 다른 종목 기사 등급 이상의 취득자

❸ 검정기준

작업형 실내건축 실기시험은 실내건축 설계와 관련된 내용으로 문제에서 주어진 기본적인 개념을 바탕으로 공간을 기능에 맞게 계획하고 구성하며, 그 내용을 토대로 설계도면(평면도, 천장도, 입면도, 실내투시도) 작성능력을 평가하는 시험이다.

실내건축기능사	실내건축산업기사	실내건축기사
작업형(100점 만점에 60점 이상)	(100점 만점에 60점 이상) 작업형(60점 만점) + 필답형(40점 만점)	(100점 만점에 60점 이상) 작업형(60점 만점) + 필답형(40점 만점)
작업형 : 평면도, 천장도, 입면도, 실내투시도	• 작업형 : 평면도, 천장도, 입면도, 실내투시도 • 필답형 : 시공실무(주관식 문제)	• 작업형 : 평면도, 천장도, 입면도, 단면도, 실내투시도 • 필답형 : 시공실무(주관식 문제)
작업시간 : 5시간 30분(연장시간 없음)	작업시간 : 5시간 30분(연장시간 없음)	작업시간 : 6시간 30분(연장시간 없음)

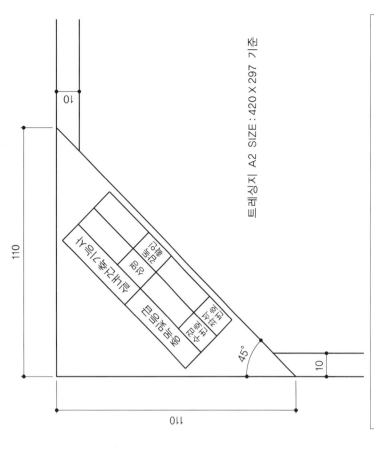

110

110

10

10

45°

규격

품명 및 제품명

재료명

사용도료(수용성수지)

성명

완성일

트레싱지 A2 SIZE : 420 X 297 기준

- 연함선으로 4면 10mm 테두리를 만든다.
- 좌측 상단 모서리에서 오른쪽, 아래쪽으로 110mm 떨어진 점을 이어 대각선을 긋는다.
- 진한 선으로 다시 한 번 테두리를 긋는다.

❹ 실기시험 시 유의사항

1. 시험장에서 켄트지(A1) 1장 + 트레싱지(A2) 3장 지급(종이를 가져갈 필요 없습니다.)

2. 지급된 켄트지는 받침용으로 사용한다.

3. 트레싱지를 붙인 후 테두리선을 작도한다.

4. 테두리선 작도 후 도면에 찍혀 있는 도장 위에 수검번호, 성명을 기입한다.

5. 문제에 평가되지 않은 조건은 각종 규정, 건축구조, 건축재료 통칙을 준수한다.

6. 도면에 사용하는 용어는 국문, 영문을 혼용해도 된다.(단, 한 문장 내에서는 혼용 불가)
   예 APP' 타일 FIN. (×) / **예** APP' TILE FIN. (○)

7. 지급된 제료 이외의 재료를 사용할 수 없으며 수검 중 재료 교환은 일체 허용하지 않는다. (종이가 찢어져도 교환이 안 됩니다.)

8. 타인과 잡담을 하거나 타인의 작업상황을 볼 경우 부정행위로 처리한다.

9. 실내투시도의 채색작업은 반드시 하여야 한다.

10. 다음과 같은 경우는 미완성으로 제점 대상에서 제외한다.
    - 도면을 완성하지 못했거나, 실내투시도 채색작업을 하지 않았을 경우
    - 도면 공간구성이 구조적, 기능적으로 사용 불가능한 경우
    - 기본적인 치수에 맞지 않게 설계하여 시공할 수 없는 경우
    - 주어진 조건을 지키지 않고 도면을 작도할 경우
    - 각 도면의 도면명을 기입하지 않았을 경우

⑤ 실기시험 준비물

[원형, 타원형 템플릿]

[삼각자]

[지우개]

[지우개판]

[제도 샤프심]

[제도 샤프]

[플러스펜]

[에탄올]

[제도용 브러시]

[마카]

[마스킹 테이프]

[스케일자]

- 제도용 샤프(0.3 / 0.5 / 0.7)/여유분 1개
- 제도용 샤프심(HB 0.5 / HB 0.7 / H 0.5 / H 0.3)
- 삼각자
- 스케일자
- 지우개판
- 지우개
- 템플릿(원형, 타원형, 큰원형, 사각형)
- 마스킹 테이프, 투명 테이프
- 제도용 브러시
- 플러스펜, 컴퓨터용 사인펜
- 에탄올
- 휴지, 물티슈
- 마카(신한 마카 60색 또는 수검자의 기존 마카)
- 신분증(운전면허증, 주민등록증)
- 수험표

■ 준비물 확인

- 시험 전날 삼각자 및 원형 자를 에탄올로 깨끗이 닦아 둔다.
- 제도용 샤프에 샤프심을 넉넉히 넣어 둔다.
- 플러스펜, 컴퓨터용 사인펜이 나오는지 확인한다.
- 자주 쓰는 마카가 나오는지 확인한다.
- 트베싱자가 찢어질 수도 있으니 투명 테이프도 준비한다.

■ 실기시험장 제도판 확인

- 실기시험 접수 후 제도판이 있는지 확인해야 한다.
- 실기시험장에 제도판이 있을 경우 구비된 제도판을 사용한다.(수검자가 본인의 제도판을 가져가서 사용해도 된다.)
- 실기시험장에 제도판이 없을 경우 개별 제도판을 가져가야 한다.

⑥ 도면작성 방법

■ 도면작성 시 주의사항

[공통] ① 선의 번짐, 얼룩, 더러움 등이 없이 깨끗해야 하고, 선의 만남이 어긋난 것이 없어야 한다.
② 도면 배치에 균형이 있어야 하고 선, 문자, 치수의 표시방법이 명확해야 한다.
③ 마감재를 정확, 명료하게 나타내어 하고, 의문이 생길 요소가 없도록 해야 한다.

구분	작도 시 주의사항	구분	작도 시 주의사항
준비	1. 요구사항 파악(주어진 공간 분석) 2. 요구조건 파악(설계면적, 요구공간, 필요집기 및 가구) 3. 요구도면 파악(SCALE 명확히 파악) 4. 디자인 계획(시험지에 개략적인 위치 및 가구 계획)	입면도	1. 천장몰딩, 벽면마감재, 걸레받이 표현할 것 　예 MOULDING : APP' WOOD SHEET FIN. 　　WALL : APP' WALL PAPER FIN. 　　BASE BOARD : APP' WOOD SHEET FIN. 2. 입면도 방향, SCALE 반드시 표현할 것
평면도	1. 건물 벽체의 두께 파악 및 구조 파악 　(조적식 구조 및 철근콘크리트 구조 체크할 것) 2. 개구부(문,창)의 위치를 파악하고 사이즈 체크할 것 3. 선 두께의 명확한 굵기 체크할 것 　(벽체 : 굵은선 / 가구, 치수 : 중간선 / 바닥 마감재 : 가는선) 4. 요구된 집기 굵기 높이 기재할 것 5. 공간 명칭 및 바닥마감재, 바닥레벨 필히 기재할 것 　예 FLOOR : APP' TILE FIN. (F.L : -100) 6. DESIGN CONCEPT(기사, 산업기사) 필히 기입할 것 7. 도면명, SCALE 반드시 표현할 것	단면도	1. 목재 반자틀과 경량 철골 틀을 등 중 하나를 사용하여 단면부위 표현 2. 철근콘크리트 보(큰은선), 마감(중간선)의 선 굵기 차이 표현할 것 3. 천장 상부와 바닥 하부의 단면구성을 반드시 할 것 4. 층고의 수치를 반드시 표현할 것 5. 바닥, 벽체, 천장 마감재명을 반드시 표현할 것 　예 CEILING : THK. 9.5 G/B 2PLY / APP' COLOR LACQ FIN. 　　WALL : THK. 18 MORTAR / APP' COLOR LACQ FIN 　　WALL : THK. 9.5 G/B 2PLY / APP' COLOR LACQ FIN. 　　FLOOR : THK. 24 MORTAR / APP' P-TILE FIN.
천장도	1. 마감선, 몰딩선 정확하게 표현할 것 2. 창문 쪽 커텐박스(양쪽 100, 폭 150) 설치할 것 3. 기구(조명, 경보, 환기등) 정확하게 표현할 것 4. 공간마다 마감재, 천장 높이 기입할 것 　예 CEILING : APP' CEILING PAPAER FIN.(C.H : 2,400) 5. LEGEND(범례표) 반드시 표현할 것 6. 도면명, SCALE 반드시 표현할 것	실내투시도	1. 투시보조선을 지우지 말 것(연필선 남겨야 함) 2. 연필선 위에 펜 작업 할 것 3. 완성된 투시도 뒷면에 컬러링(마카) 작업할 것 4. 실내투시도도 반드시 채색을 완성해서 제출할 것

■ 도면작성 순서

실제도면 작성에서 가장 중요한 점은 도면 선, 문자 치수 등의 표현방법이 명확해야 한다는 것이다. 벽체와 가구선과 바닥선이 구분되지 않는다면, 도면을 알아보지 못할 것이기 때문이다. 특히 실내건축자격증 실기시험은 작업량이므로 모 선의 강약이 더욱 중요하며, 작성순서를 지키지 않고 도면을 작도하면 도면이 지저분해질 수도 있기 때문에 항상 작성 순서를 기억하고 작도해야 한다.

구분	작성순서
평면도	1. 테두리선을 작도 2. 연한선 : 스케일 확인 후 치수에 맞게 선긋기 3. 연한선 : 벽체 간격 4. 중간선 : 창문, 문 위치 확인 후 작도 5. 진한선 : 벽체 6. 중간선 : 마감(20mm) 7. 중간선 : 가구 배치 8. 연한선 : 바닥해치 9. 중간선 : 치수 기입, 글자 기입(가구명, 마감재료 표현) 10. 중간선 : 벽체해치, 입면기호, ENT 11. 도면명 작성
입면도	1. 테두리선을 작도 2. 연한선 : 벽체 중심선 → 벽체 두께를 내부 벽면 3. 연한선 : 도면문제 확인 후 높이 설정 4. 진한선 : 내부 입면 벽체 5. 중간선 : 가구, 창문 6. 중간선 : 걸레받이(H : 100mm), 몰딩(20~40mm) 7. 중간선 : 치수, 글자 기입(가구명, 마감재료 표현) 8. 도면명 작성

구분	작성순서
천장도	1. 테두리선을 작도 2. 연한선 : 벽체 3. 진한선 : 벽체, 창문, 문 4. 중간선 : 마감(20mm) 5. 중간선 : 커텐박스(양쪽 : 100mm / D : 150mm) 6. 중간선 : 몰딩(20~40mm) 7. 연한선 : 조명계획 8. 중간선 : 조명, 설비 배치 9. 중간선 : 치수 기입, 글자 기입(천장마감재, 조명이름) 10. 중간선 : 벽체해치 11. 도면명 작성(예 천장도 SCALE : 1/30) 12. 범례표(LEGEND) 작성
실내투시도	1. 테두리선을 작도 2. 투시도 방향 정하기 3. 연한선 : 평면치수, 입면높이에 맞게 작도하기 4. 연한선 : V.P(소점) 잡기 : 바닥에서 1,500mm(사람 눈높이) 5. 300mm 간격 나누기 6. 벽면, 가구 그리기 7. 조명 그리기, 공간에 맞게 사인 표현 8. 도면명 작성(예 실내투시도 SCALE : N.S) 9. 투시도 작업 위에 펜 작업 10. 뒷장에 마카 작업 위에 컬러링(채색하기)

■ 도면 채점 시 감점기준

주어진 문제의 요구조건 및 요구사항, 요구도면을 파악하여 공간을 계획하고 설계해야 한다. 뿐만 아니라 도면을 한쪽에 치우치지 않도록 배치해야 하며 도면이 파손되지 않도록 청결하게 작도하여 주어진 시간에 완성해야 한다.

구분	기준	구분	기준
평면도	1. 계획상 미흡할 경우(사람이 지나갈 수 없을 정도로 좁거나, 가구 레이아웃 미흡 시) 2. 요구된 벽체 및 창문, 개구부의 위치나 크기가 다를 경우 3. 요구된 가구 및 집기 누락 시 개당 감점 4. 공간에서 가구 및 집기 등의 크기가 맞지 않을 경우 5. 마감재료의 표현이 누락되었을 경우 6. 출입구 부분 ENT. 표시 누락 7. 입면기호 표시 시 누락	천장도	1. 조명의 계획이 미흡할 경우 2. 조명의 배치가 일정하지 않을 경우 3. 조명 사이 간격이 너무 가깝거나, 너무 멀 경우(일정 간격 유지가 안 될 때) 4. 조명의 명칭 미기재 5. 소방, 설비(화재감지기, 스프링클러)기구 누락 6. 화장실 천장재료 누락 7. 천장마감재 및 층고 높이 표기 누락 8. 범례표(LEGEND) 누락
입면도	1. 문제에서 주어진 입면 방향과 다르게 작도했을 경우 2. 내부가 아닌 외부 방향으로 입면도를 작도했을 경우 3. 벽면에 대한 재료 표현 누락 4. 가구 및 집기 등의 높이가 터무니없을 경우 5. 주어진 개구부 및 창문을 미작도했을 경우	실내투시도	1. 투시 연필 보조선이 없을 경우 2. 가구 및 집기 등의 공간성 비례가 맞지 않을 경우 3. 투시도가 허전해 보일 경우 4. 개구부(특히 창호)의 누락 5. 마감 컬러링 표현의 미숙 6. 마감 채색 시 얼룩이 많이 질 경우 7. 색이 어울리지 않을 경우 8. 중심선의 표시가 누락되거나 보이지 않을 경우 9. 도면명 미기입 10. 스케일 미기입 ★특히 '실내투시도 SCALE : N.S ★ 11. 요구된 도면 미작도 12. 요구된 스케일과 다르게 작도할 경우 13. 완성하지 못할 경우 실격사유[평면도, 천장도, 입면도, 입면도, 실내투시도(컬러링 포함)]
공통	1. 테두리선을 작도하지 않거나 임의로 작도했을 때 2. 도면이 한쪽으로 치우치거나 중심에 들어오지 않을 때 3. 도면의 훼손 정도가 심하거나 청결하지 못할 때 4. 순색이 눈에 보이도록 묻어 있을 경우 5. 선의 굵기 등에서 맞는 선의 표현이 미숙할 때 6. 선과 선이 만나는 부분이 교차하지 않을 때 7. 치수선 및 인출선의 각도 및 구도가 미숙할 때		

⑦ 실기 출제기준

직무 분야	건설	중직무 분야	건축	자격 종목	실내건축기능사	적용 기간	2022. 1. 1. ~ 2024. 12. 31.

○ 직무내용 : 기능적, 미적요소를 고려하여 건축 실내공간을 계획하고, 기본 설계도서를 작성하며, 완료된 설계도서에 따라 시공 등의 현장업무를 수행하는 직무이다.
○ 수행준거 : 1. 계획설계도면, 실시설계도면 등을 작도할 수 있다.
　　　　　　 2. 실내투시도 및 투상도를 작도할 수 있다.

실기검정방법	작업형	시험시간	5시간 정도

실기과목명	주요항목	세부항목	세세항목
실내건축작업	1. 실내디자인 계획	1. 공간계획하기	1. 실내디자인 기획단계의 내용을 토대로 통합적이고 구체적인 실내 공간을 계획할 수 있다. 2. 실내디자인 기획단계의 내용을 토대로 마감재, 색채, 조명, 가구, 장비, 에너지 절약, 친환경 계획을 적용할 수 있다. 3. 실내디자인 공간계획에 따른 기본 설계 도면을 작성할 수 있다. 4. 실내디자인 공간계획에 따른 개략적인 물량을 산출할 수 있다. 5. 공사 공정에 따라 제반 비용을 포함한 총 공사예가를 산출할 수 있다.
		2. 마감계획하기	1. 실내디자인 공간계획의 내용을 토대로 마감계획을 구체화할 수 있다. 2. 실내공간의 용도와 사용자의 행태적, 심리적 특성, 시공성 등을 고려한 마감계획을 할 수 있다. 3. 마감재의 안전기준, 노약자, 장애인, 노약자의 편의 증진에 관한 기준을 검토하고 적용할 수 있다.
		3. 가구계획하기	1. 실내디자인 공간 계획의 내용을 토대로 가구계획을 구체화할 수 있다. 2. 계획된 공간의 특성에 따라 행태적, 심리적 특성을 고려한 가구계획을 할 수 있다. 3. 계획된 공간에 전기, 기계설비요소들을 고려한 가구배치를 할 수 있다. 4. 계획된 공간의 특성에 따라 인체공학적, 심리적 특성을 고려한 가구를 선정할 수 있다. 5. 장애인, 노약자의 특성을 고려한 가구계획을 할 수 있다.
		4. 조명계획하기	1. 계획된 공간에 적합한 조도를 맞춘 경제적, 기능적, 심미적인 조명배치에 대한 기본계획을 할 수 있다. 2. 계획된 공간에 경제적, 기능적, 심미적인 조명과 조명기구 등을 선정할 수 있다. 3. 계획된 공간에 경제적, 기능적, 심미적인 배선기구 등을 선정할 수 있다. 4. 계획된 공간에 필요한 약전, 정보통신에 대한 기본설비계획을 할 수 있다. 5. 계획된 전기설비에 대하여 전기설비 협력업체와 구체화된 작업을 협의할 수 있다. 6. 전기설비 및 조명 협력업체처럼 관리할 수 있다.

실기과목명	주요항목	세부항목	세세항목
실내건축작업		5. 설비계획하기	1. 계획된 공간에 필요한 급배수, 공조, 냉난방, 위생설비, 배관, 배선 등 설비 기본계획을 수립할 수 있다. 2. 계획된 공간에 필요한 소화설비 등에 대한 계획을 수립할 수 있다. 3. 계획된 공간에 필요한 실내위생설비 및 실내 관련 설비 기구를 선정할 수 있다. 4. 계획된 공간에 필요한 방화 및 피난시설에 대한 계획을 수립할 수 있다. 5. 계획된 공간에 필요한 화재탐지설비에 대한 계획을 수립할 수 있다. 6. 계획된 위생·소방·안전 설비에 대하여 협력업체와 구체화 작업을 협의할 수 있다. 7. 위생설비 및 소방·안전 협력업체를 관리할 수 있다.
	2. 실내디자인 설계도서 작성	1. 실시 설계도면 작성하기	1. 기본 설계를 바탕으로 시공이 가능하도록 실시설계 도면을 작성할 수 있다. 2. 설계도면 작성 기준에 따라 정확하게 설계도면을 작성할 수 있다. 3. 도면을 작성한 후 설계도면을 완성하여 제시할 수 있다.
		2. 내역서 작성하기	1. 실시설계 도면을 파악하여 수량산출서를 작성할 수 있다. 2. 자재의 단가와 개별직종 노임단가를 조사하여 재료비, 노무비, 경비를 파악하고 일위대가를 작성할 수 있다. 3. 공종별 내역서를 작성할 수 있다. 4. 공사의 원가계산서를 작성할 수 있다.
		3. 시방서 작성하기	1. 실시설계 도면을 검토하여 도면에 표현하기 어려운 내용과 공사의 특수성을 감안하여 시방서를 작성할 수 있다. 2. 시공을 위한 일반사항과 공종별 지침에 대해 기술할 수 있다. 3. 필요한 경우 특별시방서를 직접 작성하거나 관련 업체에 요청하여 취합할 수 있다.

CONTENTS 목차

PART

01

PART

기초제도 작도법

① 선의 종류와 용도

선은 도면을 나타내고자 할 때 가장 많이 쓰인다. 선의 표현은 성질과 모양 및 굵기에 따라 명칭과 용도가 다르므로 선의 용도와 종류를 잘 파악하고, 그에 따라 사용하는 것이 중요하다. 선의 굵기는 보통, 굵은선 · 중간선 · 가는선 3단계로 구분할 수 있다.

선의 종류	선의 굵기	선의 용도에 의한 명칭	선의 용도
굵은실선	0.6~0.8mm	외형선, 단면선, 입면선	• 도면에서 외부벽체, 내부벽체, 입면, 단면을 나타내기 위한 선 • 글자 BOX, 도면테두리를 표시하는 선
중간실선	0.4~0.5mm	치수선, 지시선, 가구선, 중심선, 마감선	• 가구 및 치수를 기입하기 위한 선 • 지시, 기호 등을 나타내기 위한 선
가는실선	0.3mm	글자보조선, 치수보조선, 바닥해치	• 치수 및 글자를 기입하기 위해 보조로 사용하는 선 • 가구와 구별하기 위해 바닥해치에 쓰이는 선
파선	------	숨은선	• 대상물이 보이지 않는 부분의 모양을 표시하는 선
일점쇄선	—·—·—	중심선	• 벽체 및 물체의 중심을 나타내는 선

② 선의 작도 시 유의사항

유의사항	• 용도에 따라 선의 굵기를 구분하여 사용한다. • 시작에서 끝까지 일정한 힘을 주어 일정한 속도로 긋는다. • 파선의 끊어진 부분은 길이와 간격을 일정하게 한다. • 각을 이루어 만나는 선은 정확하게 작도한다. • 한번 그은 선은 중복해서 긋지 않는다. • 수평선은 '좌 → 우'로 작도한다. • 수직선은 '아래 → 위'로 작도한다. • 사선은 '좌 → 우'로 작도한다.

③ 선의 굵기 연습

굵은선(가로) 좌 → 우	굵은선(세로) 아래 → 위	굵은선(세로) 아래 → 위	굵은선(세로) 아래 → 위
중간선(가로) 좌 → 우	중간선(세로) 아래 → 위	가는선(가로) 좌 → 우	가는선(세로) 아래 → 위
파선(가로) 좌 → 우	파선(세로) 아래 → 위	일점쇄선(가로) 좌 → 우	일점쇄선(세로) 아래 → 위

① 문자표기(쓰기) 방법

• 도면의 이해를 돕기 위해 문자를 써 넣는 것을 주기라 하며, 문장은 왼쪽부터 가로쓰기를 원칙으로 하며 명확하고 깨끗하게 써야 한다.

• 도면별 제목은 항상 도면 밑에 있도록 하는 것이 좋으나, 도면 크기가 클 경우는 오른쪽에 표기해도 무방하다.

• 주요 공간별 마감재는 도면에 방해가 되지 않는 적당한 곳에 가는실선을 그어 문자를 써넣고, 굵은실선으로 테두리를 그어준다. (척도한다.)

• 숫자를 기입할 때는 1,000단위마다 '콤마'를 찍어야 한다.

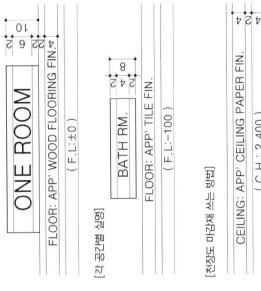

[메인공간 실명]

ONE ROOM

FLOOR: APP' WOOD FLOORING FIN.

(F.L:±0)

[각 공간별 실명]

BATH RM.

FLOOR: APP' TILE FIN.

(F.L:-100)

[천장도 마감재 쓰는 방법]

CEILING: APP' CEILING PAPER FIN.

(C.H : 2,400)

[입면도 마감재 쓰는 방법]

WALL: APP' WALL PAPER FIN.

BASE BOARD: APP' WOOD SHEET FIN.

전선선:테두리선 ———— 연한선: 보조선

평 면 도 | SCALE : 1/30

전 정 도 | SCALE : 1/30

내부입면도 A | SCALE : 1/50

단 면 도 A-A' | SCALE : 1/50

실 내 투 시 도 | SCALE : N.S

가운터단면상세도 A-A' | SCALE : 1/10

② **문자표기(쓰기) 연습**

[한글 연습]

평면도 천장도 내부입면도A 단면도A-A 실내투시도

지정 비닐시트마감. 지정 벽지마감. 지정 도장마감.

지정 천장지마감. 지정 몰라스틱보드마감. 컬러칼카

지정 타일마감. 지정 우드물로어링마감. 바닥벽 천장

걸레받이 무늬목 우드시트 대리석 세라믹타일 필름

싱크칩대 더블침대 책상 & 의자 서랍장 장식장 소파

테이블 서바자 내장용 싱크세트 원장식 제조실

수습실 탈의실 간호사실 홀 카운터 서반 쇼케이스 북도

디스플레이테이블 디스물레이 서반 컬러유리 아크릴

[영문 연습]

FLOOR PLAN CEILING PLAN ELEVATION METAL

DETAIL PERSPECTIVE APP' PAINT FIN. GLASS

APP' WALL PAPER FIN. APP' SHEET FIN. SHEET

APP' TILE FIN. APP' MARBLE FIN. APP' ST'L PIPE

WALL SHELF DISPLAY TABLE SOFA SET SHELF

PC TABLE SET CASH COUNTER SHOES BOX RM.

REF. KITCHEN TOILET STORAGE PANTRY HALL

COMPUTER TABLE HANGER GLASS MEETING RM.

BASE BOARD MOULDING WALL LACQ SCALE N.S

SECTION 03 마감재 [MATERIAL]

❶ 도면별 마감재 및 용어 습득

[주거공간]

평면도

공간명 [한글 / 영문]	마감재명 [영문]	마감재명 [한글]
원룸 / ONE ROOM	FLOOR : APP' VINYL SHEET FIN. (F.L : ±0)	바닥 : 지정 비닐시트 마감 (F.L : ±0)
현관 / ENTRY	FLOOR : APP' TILE FIN. (F.L : -100)	바닥 : 지정 타일 마감 (F.L : -100)
화장실 / BATH RM.	FLOOR : APP' TILE FIN. (F.L : -100)	바닥 : 지정 타일 마감 (F.L : -100)
발코니 / BALCONY	FLOOR : APP' TILE FIN. (F.L : -100)	바닥 : 지정 타일 마감 (F.L : -100)

천정도

공간명 [한글 / 영문]	마감재명 [영문]	마감재명 [한글]
원룸 / ONE ROOM	CEILING : APP' CEILING PAPER FIN. (C.H : 중고)	천장 : 지정 천정지 마감 (C.H : 중고)
현관 / ENTRY	CEILING : APP' CEILING PAPER FIN. (C.H : 중고)	천장 : 지정 천정지 마감 (C.H : 중고)
화장실 / BATH RM.	CEILING : APP' PLASTIC PANEL FIN. (C.H : 중고)	천장 : 지정 엑사페널 마감 (C.H : 중고)
발코니 / BALCONY	CEILING : APP' V.P FIN. (C.H : 중고)	천장 : 지정 비닐페인트 마감 (C.H : 중고)

입면도

공간명 [한글 / 영문]	마감재명 [영문]	마감재명 [한글]
몰딩 / MOULDING	MOULDING : APP' WOOD SHEET FIN.	몰딩 : 지정 우드시트 마감
	MOULDING : APP' COLOR LACQ FIN.	몰딩 : 지정 컬러락카 마감
	MOULDING : APP' FILM FIN.	몰딩 : 지정 필름 마감
걸레받이 / BASE BOARD	BASE BOARD : APP' WOOD SHEET FIN.	걸레받이 : 지정 우드시트 마감
	BASE BOARD : APP' COLOR LACQ FIN.	걸레받이 : 지정 컬러락카 마감
	BASE BOARD : APP' FILM FIN.	걸레받이 : 지정 필름 마감
벽 / WALL	WALL : APP' WALL PAPER FIN.	벽 : 지정 벽지 마감
	WALL : APP' TILE FIN.	벽 : 지정 타일 마감
	WALL : APP' MARBLE FIN.	벽 : 지정 대리석 마감

[상업공간]

평면도

공간명 [한글 / 영문]	마감재명 [영문]	마감재명 [한글]
(공통) 메인공간	FLOOR : APP' P-TILE FIN./ APP' MARBLE FIN. (F.L : ±0)	바닥 : 지정 폴리싱타일 마감 / 바닥 : 지정 대리석 마감 (F.L : ±0)
피팅룸 / FITTING RM.	FLOOR : APP' WOOD FLOORING FIN (F.L : +100)	바닥 : 지정 우드플로어링 마감 (F.L : +100)
주방 / KITCHEN	FLOOR : APP' TILE FIN. (FL : ±0) [패스트푸드 : (F.L : +100)]	바닥 : 지정 타일 마감 (F.L : ±0)
화장실 / BATH RM.	FLOOR : APP' TILE FIN. (FL : −100)	바닥 : 지정 타일 마감 (F.L : −100)

천장도

공간명 [한글 / 영문]	마감재명 [영문]	마감재명 [한글]
(공통) 메인공간	CEILING : APP' V.P FIN. (C.H : 중고) CEILING : APP' COLOR LACQ FIN. (C.H : 중고)	천장 : 지정 비닐페인트 마감 (C.H : 중고) 천장 : 지정 컬러락카 마감 (C.H : 중고)
화장실 / BATH RM.	CEILING : APP' PLASTIC PANEL FIN. (C.H : 중고)	천장 : 지정 플라스틱보드(엑사패널) 마감 (C.H : 중고)

입면도

공간명 [한글 / 영문]	마감재명 [영문]	마감재명 [한글]
몰딩 / MOULDING	MOULDING : APP' WOOD SHEET FIN. MOULDING : APP' COLOR LACQ FIN. MOULDING : APP' FILM FIN.	몰딩 : 지정 우드시트 마감 몰딩 : 지정 컬러락카 마감 몰딩 : 지정 필름 마감
걸레받이 / BASE BOARD	BASE BOARD : APP' WOOD SHEET FIN. BASE BOARD : APP' COLOR LACQ FIN. BASE BOARD : APP' FILM FIN.	걸레받이 : 지정 우드시트 마감 걸레받이 : 지정 컬러락카 마감 걸레받이 : 지정 필름 마감
벽 / WALL	WALL : APP' COLOR LACQ FIN. WALL : APP' TILE FIN./ WALL : APP' MARBLE FIN. GLASS : THK.12 TEMPERED GLASS FIN. FRAME : THK.1.6 STEEL PLATE (H/L) FIN.	벽 : 지정 컬러락카 마감 벽 : 지정 타일 마감 / 벽 : 지정 대리석 마감 유리 : 두께 12mm 강화유리 마감 프레임 : 두께 1.6mm 스틸 마감

SECTION 04

축척 [SCALE]

① 축척의 종류

- 축척은 실물을 일정한 비율로 축소하는 것으로 도면 작도 시 반드시 기재해야 한다.

- 1/30, 1/50, 1/100 : 평면도, 천장도, 입면도, 단면도

- 1/2, 1/5, 1/10, 1/20 : 부분상세도, 단면상세도

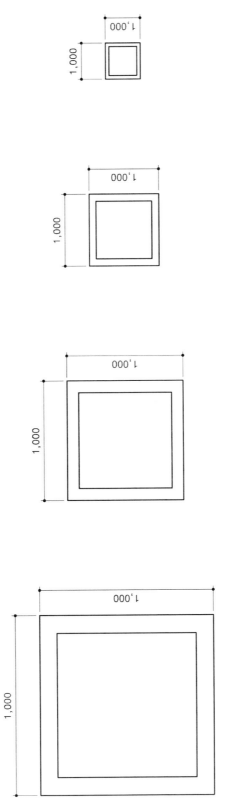

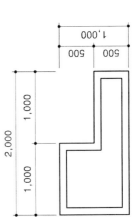

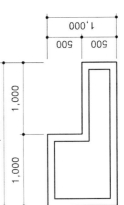

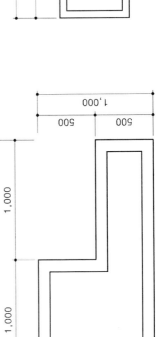

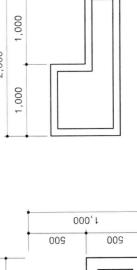

SECTION 05 벽체 [WALL]

❶ 조적구조

조적벽체는 일반적으로 붉은벽돌, 시멘트벽돌 등의 블록 재료에 교착제(모르타르)를 사용하여 구성하는 구조이다.

※ 벽돌의 표준사이즈 : 190mm × 90mm × 57mm

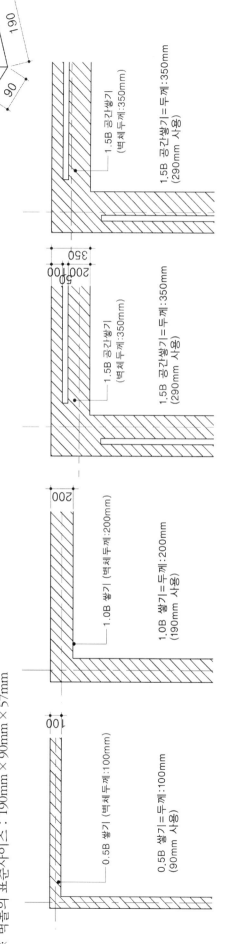

57
90
190

0.5B 쌓기 (벽체두께:100mm)

0.5B 쌓기＝두께:100mm
(90mm 사용)

100

1.0B 쌓기 (벽체두께:200mm)

1.0B 쌓기＝두께:200mm
(190mm 사용)

200

1.5B 공간쌓기
(벽체두께:350mm)

1.5B 공간쌓기＝두께:350mm
(290mm 사용)

50 100 200

350

1.5B 공간쌓기
(벽체두께:350mm)

1.5B 공간쌓기＝두께:350mm
(290mm 사용)

❷ 철근콘크리트구조

철근을 조립하고 콘크리트를 부어 일체식으로 구성한 구조이다. 형태 및 크기를 자유롭게 할 수 있다.

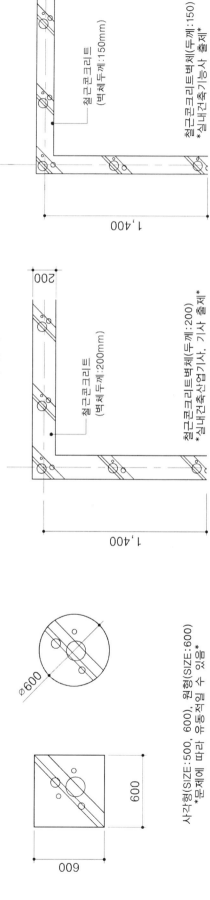

600

600

Ø600

사각형(SIZE:500, 600), 원형(SIZE:600)
문제에 따라 유동적일 수 있음

철근콘크리트
(벽체두께:200mm)

철근콘크리트벽체(두께:200)
실내건축산업기사, 기사 출제

200

1,400

철근콘크리트
(벽체두께:150mm)

철근콘크리트벽체(두께:150)
실내건축기능사 출제

150

1,400

③ 벽체표현 [철근콘크리트기둥 + 조적구조]

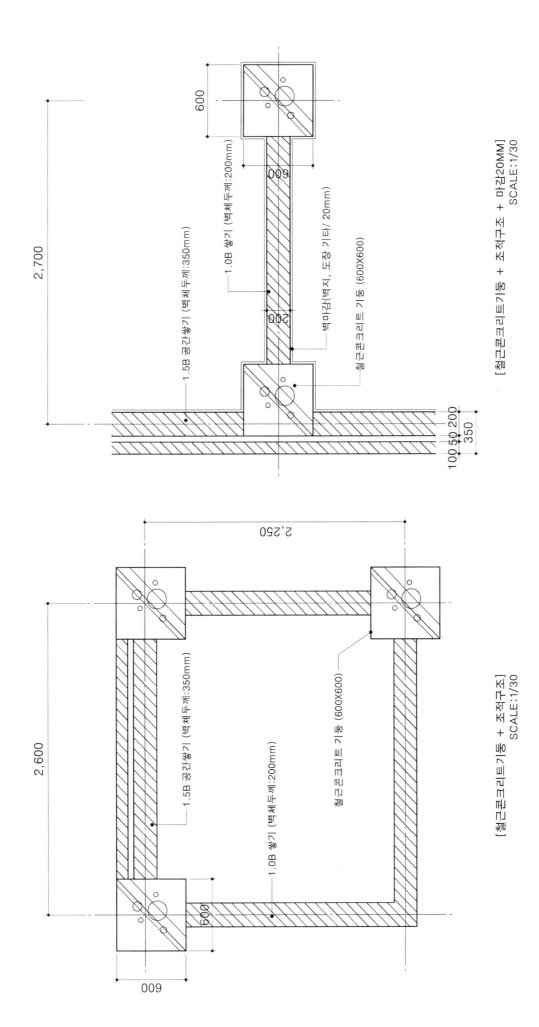

1.5B 공간쌓기 (벽체 두께:350mm)

1.0B 쌓기 (벽체 두께:200mm)

벽마감(벽지, 도장 기타/ 20mm)

철근콘크리트 기둥 (600X600)

2,700

600

600

200

100 50 200

350

[철근콘크리트기둥 + 조적구조 + 마감20MM]
SCALE:1/30

2,250

1.5B 공간쌓기 (벽체 두께:350mm)

1.0B 쌓기 (벽체 두께:200mm)

철근콘크리트 기둥 (600X600)

2,600

600

600

[철근콘크리트기둥 + 조적구조]
SCALE:1/30

❹ 벽체표현 [철근콘크리트기둥 + 조적구조 + 고정창]

• 실내건축산업기사, 실내건축기사에 많이 출제되는 벽체 구조로서 상업시설에 많이 이용된다.

• GLASS WALL은 외부소리를 차단하고 단열성이 뛰어나면서 채광과 시선의 연장이 가능하므로 공간이 더 넓어 보이는 효과가 있다.

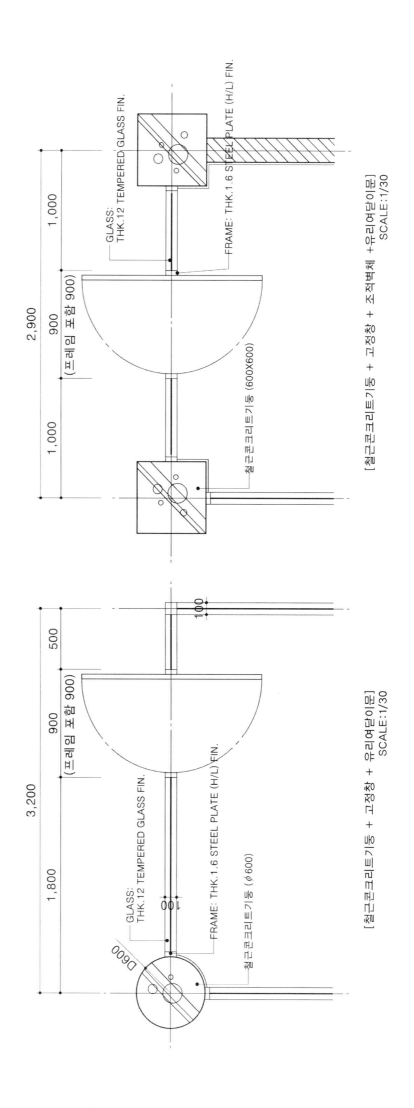

[철근콘크리트기둥 + 고정창 + 조적벽체 + 유리여닫이문]
SCALE:1/30

[철근콘크리트기둥 + 고정창 + 유리여닫이문]
SCALE:1/30

⑤ 벽체표현 [천장도 벽체＋커텐박스＋몰딩]

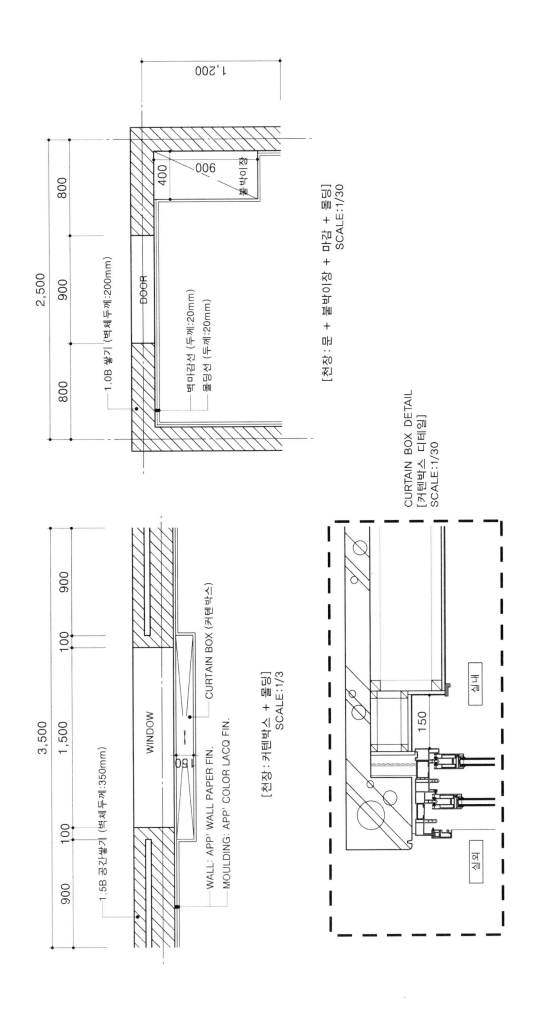

2,500

800 · 900 · 800

1,200

900

400

천박이장

— 1.0B 쌓기 (벽체두께:200mm)

DOOR

벽마감선 (두께:20mm)
몰딩선 (두께:20mm)

[천장 : 문 ＋ 천박이장 ＋ 마감 ＋ 몰딩]
SCALE:1/30

3,500

900 · 100 · 1,500 · 100 · 900

900 · 100

50

WINDOW

CURTAIN BOX (커텐박스)

— 1.5B 공간쌓기 (벽체두께:350mm)

WALL: APP' WALL PAPER FIN.
MOULDING: APP' COLOR LACQ FIN.

[천장 : 커텐박스 ＋ 몰딩]
SCALE:1/3

CURTAIN BOX DETAIL
[커텐박스 디테일]
SCALE:1/30

150

실내

실외

SECTION **06**

창 [WINDOW]

❶ 미서기창 [SLIDING WINDOW]

• 창은 일반적으로 실내의 환기 및 채광을 위하여 벽체에 개구부를 내고 개폐할 수 있도록 만든 장치이다.

• 미서기창은 미닫이창과 거의 유사한 구조로 두 줄의 홈을 파서 장 한 짝을 다른 한 짝 옆에 밀어붙이게 한 것이다.

[입면도]

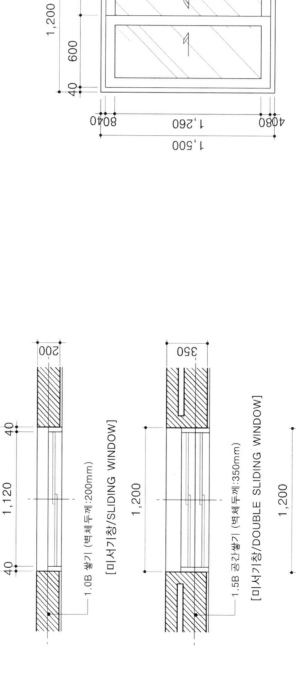

[평면도]

1,200
40 1,120 40

200

1.0B 쌓기 (벽체 두께:200mm)

[미서기창/SLIDING WINDOW]

1,200

350

1.5B 공간쌓기 (벽체 두께:350mm)

[미서기창/DOUBLE SLIDING WINDOW]

1,200

150

철근 콘크리트 벽체(벽체두께:150)

[미서기창/DOUBLE SLIDING WINDOW]
SCALE:1/30

[입면도]

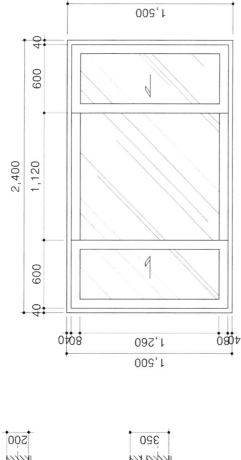

[평면도]

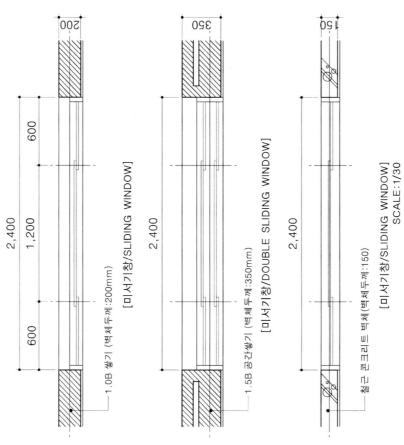

[미서기창/SLIDING WINDOW]
1.0B 쌓기 (벽체두께:200mm)

[미서기창/DOUBLE SLIDING WINDOW]
1.5B 공간쌓기 (벽체두께:350mm)

[미서기창/SLIDING WINDOW]
철근 콘크리트 벽체 (벽체두께:150)

SCALE:1/30

② 고정창 [FIXED WINDOW], 들창 [OVERHANG WINDOW]

• 고정창은 창문을 개폐할 수 없도록 고정하고 있어 채광용으로만 적절한 창이다. 들창은 환기를 위하여 창문을 밀어 올려 열 수 있는 창이다.

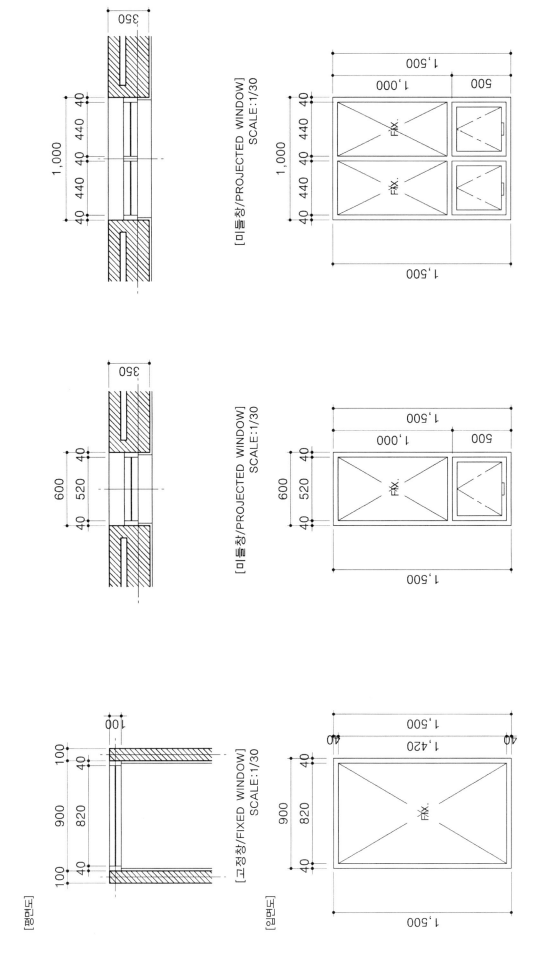

[평면도]

[고정창/FIXED WINDOW]
SCALE:1/30

[미들창/PROJECTED WINDOW]
SCALE:1/30

[미들창/PROJECTED WINDOW]
SCALE:1/30

[입면도]

SECTION 07

문 [DOOR]

● 여닫이문 [SWING DOOR]

- 경첩, 돌쩌귀, 자유경첩 등을 문선틀에 달거나 문장부(Pivot), 바닥지도리(Floor hinge) 등을 문의 한쪽 상하부에 장치하여 회전하면서 개폐되는 문으로 외여닫이와 쌍여닫이가 있다.

- 개폐방법에 따라 안여닫이, 밖여닫이로 구분한다.

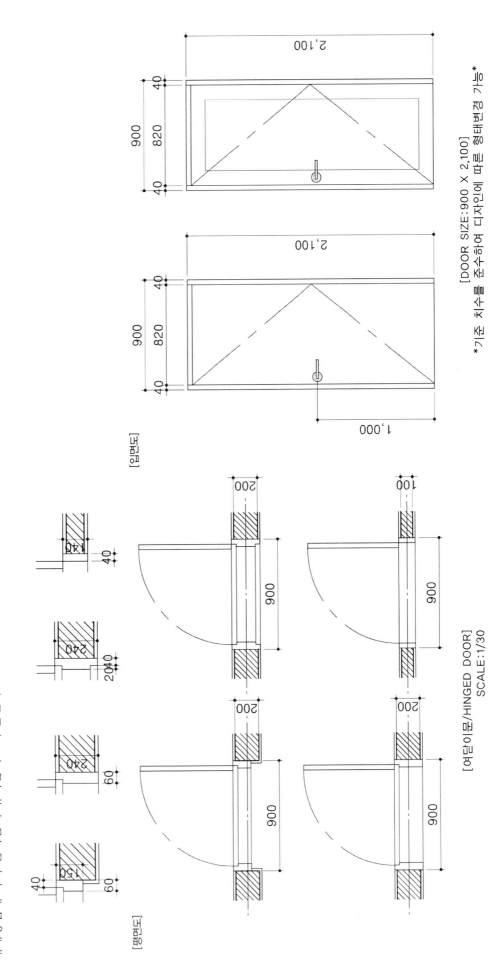

[평면도]

[입면도]

[여닫이문/HINGED DOOR]
SCALE:1/30

기존 치수를 준수하여 디자인에 따른 형태변경 가능

[DOOR SIZE:900 X 2,100]

② 쌍여닫이문 [DOUBLE SWINGING DOOR], 개방형 문 [OPEN DOOR]

- 쌍여닫이문은 좌우 2개의 여닫이문으로 이루어지며, 회전축을 양쪽에 두고, 중앙을 넓게 개방하는 방식의 문이다.
- 개방형 문은 문이 없는 형태의 개방형식으로 된 것을 말한다.

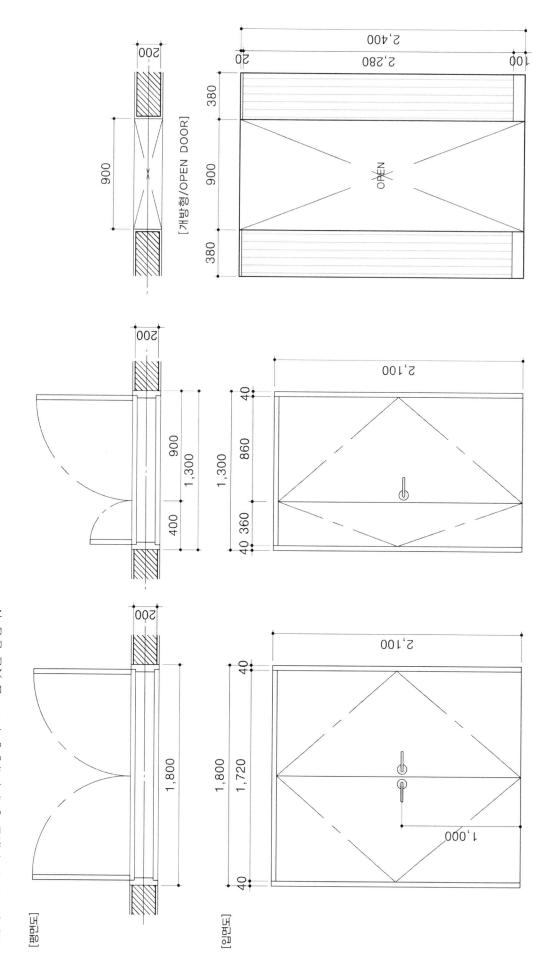

[평면도]

[입면도]

[개방형/OPEN DOOR]

❸ 아치문 [ARCH DOOR], 포켓문 [POCKET DOOR], 미서기문 [SLIDING DOOR]

- 아치문은 문짝이 없는 오프형 벽체로, 상부가 둥글게 아치 형태로 되어 있는 것을 말한다.
- 포켓문과 미서기문은 상하 문틀에 홈을 파거나 밑틀에 레일을 설치하여 문짝을 끼우고, 옆 문짝이나 벽과 겹치도록 밀어서 여는 방식의 문이다.

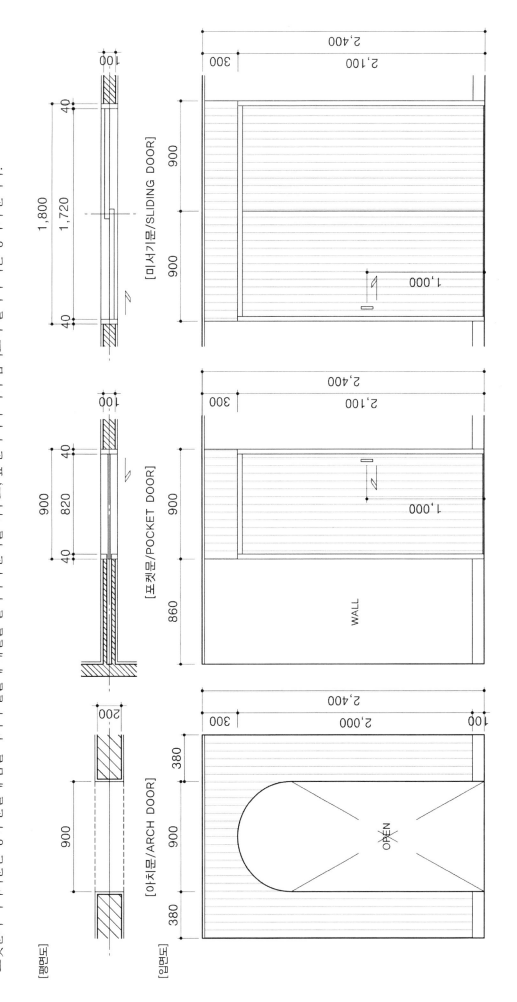

[평면도]

[미서기문/SLIDING DOOR]

[포켓문/POCKET DOOR]

[아치문/ARCH DOOR]

[입면도]

WALL

OPEN

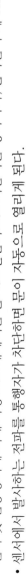

❹ 자동문 [AUTOMATIC DOOR]

• 센서 및 전동장치에 의해 자동으로 개폐되는 문으로 일반적으로 미닫이문 형식이며, 문짝은 두께 12mm의 강화유리가 사용된다.

• 센서에서 발사하는 전파를 통행자가 차단하면 문이 자동으로 열리게 된다.

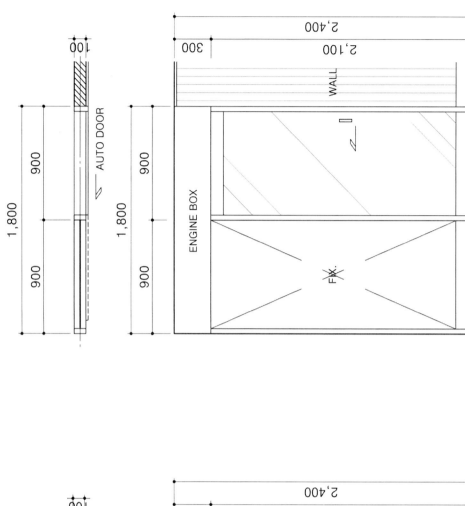

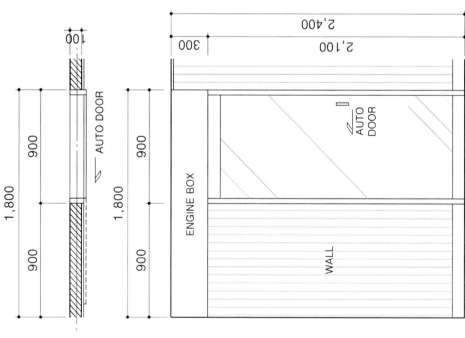

[평면도]

[입면도]

⑤ 유리 무테문 [TEMPERED GLASS DOOR]

· 문짝을 강화유리로 하고 유리판의 상하부에 보강 비틀 댄 것으로 강화유리도어(Tempered glass door)라고도 한다.

· 사용하는 유리 두께는 10mm, 12mm, 16mm가 일반적이며, 유리판의 상하판의 상하부에 대는 보강 비는 스테인리스틸이 주로 사용된다.

· 주로 상업공간 등 사람의 출입이 많은 장소의 현관문에 이용된다.

[평면도]

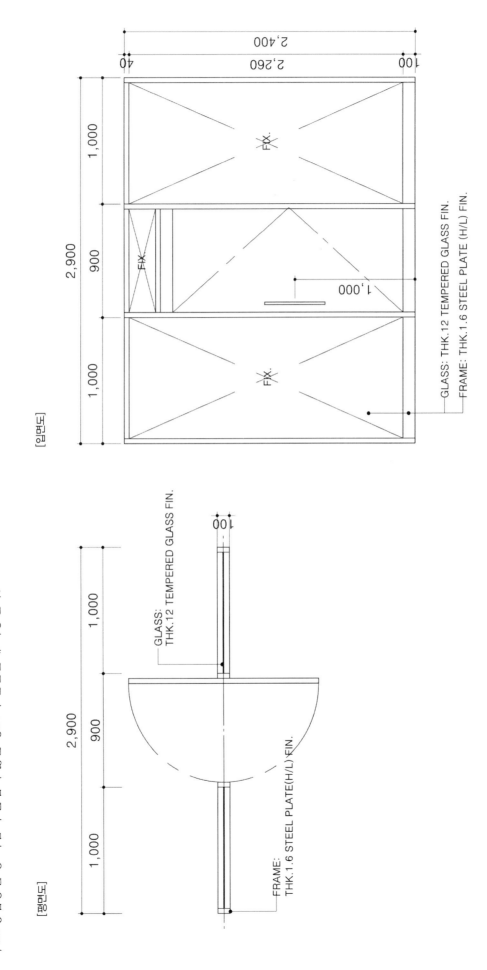

[입면도]

GLASS: THK.12 TEMPERED GLASS FIN.

FRAME: THK.1.6 STEEL PLATE (H/L) FIN.

GLASS:
THK.12 TEMPERED GLASS FIN.

FRAME:
THK.1.6 STEEL PLATE(H/L) FIN.

⑨ 쌍유리 무테문 [DOUBLE TEMPERED GLASS DOOR]

- 넓게 개폐할 수 있도록 유리 무테문 2장을 양쪽으로 설치한 형태이다.
- 플로어힌지나 자동 개폐장치로 개폐한다.

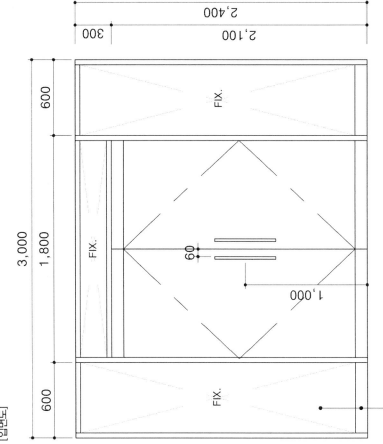

[입면도]

GLASS: THK.12 TEMPERED GLASS FIN.
FRAME: THK.1.6 STEEL PLATE (H/L) FIN.

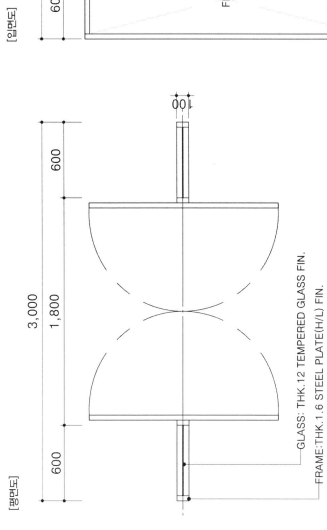

[평면도]

GLASS: THK.12 TEMPERED GLASS FIN.
FRAME:THK.1.6 STEEL PLATE(H/L) FIN.

SECTION 08 조명 [LIGHTING]

① 조명의 종류 및 표기방법

• 조명에는 태양광에 의한 재광인 주광조명(畫光照明)과 전등 등의 인공광원에 의한 인공조명이 있다.
• 실기시험에서는 천장도의 스케일이 1/30, 1/50 두 종류로 가장 많이 출제되고 있다.

[조명 표기방법]

기 호(SCALE:1/30)	기 호(SCALE:1/50)	명칭(한글)	명칭(영문)	배치 시 주의사항
		매입등	DOWN LIGHT	매입등 간격(최소 1,200)
		작부등	CEILING LIGHT	주거공간에 많이 사용됨 ROOM(1개씩 배치)
		담네등	PENDANT	테이블 위에 설치 입면도: 테이블 위로 800
		센서등	SENSOR LIGHT	주거공간 현관입구 사용
		비상등	EXIT LIGHT	주출입구에 무조건 설치
		국부등	SPOT LIGHT	상업공간, 전시공간 설치
		벽부등	BRACKET	부분적으로 포인트
		형광등 40W (1200X100)	FL 40W	
		형광등 20W (600X100)	FL 20W	

매입등(다운라이트)-조명간격 및 이름 표기

DOWN LIGHT

1,200

[소방설비 표기방법]

기 호(SCALE:1/30)	기 호(SCALE:1/50)	명칭(한글)	명칭(영문)	배치 시 주의사항
		화재감지기	FIRE SENSOR	화재 시 경보음 울림 공간에 1개 이상 설치
		스프링클러	SPRINKLER	2,400간격으로 설치
		환풍기 (260X260)	VENTIRATOR	
		점검구 (500X500)	ACCESS DOOR	주거공간: 화장실 설치 상업공간: 공간별로 설치

스프링클러-2,400mm간격으로 설치

SPRINKLER

2,400

SECTION 09 기호 [SYMBOL]

● 도면별 기호의 표기방법

[입면기호 표시]

[단면기호 표시]

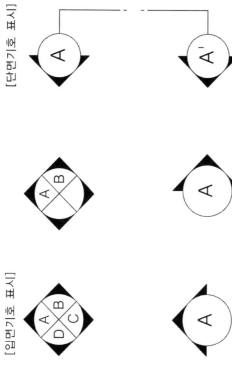

[주출입구 기호 표시]
ENT. = ENTRANCE의 줄임말이다.

[지시선 기호 표시]
지시선

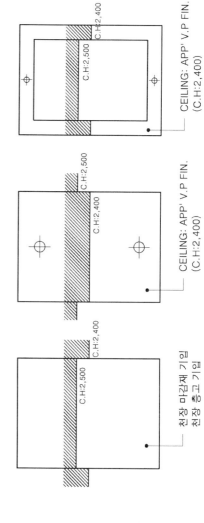

[바닥레벨 표시]

F.L:+100　F.L:±0

바닥 마감재 기입
바닥 레벨 기입

바닥 마감재 기입
바닥 레벨 기입

FLOOR: APP' WOOD FLOORING FIN.

FLOOR: APP' P-TILE FIN.
(F.L:+100)

FLOOR: APP' P-TILE FIN.
(F.L:+100)

[천장레벨 표시]

천장 마감재 기입
천장 층고 기입

CEILING: APP' V.P FIN.
(C.H:2,400)

CEILING: APP' V.P FIN.
(C.H:2,400)

CEILING: APP' V.P FIN.
(C.H:2,400)

SECTION 10 치수 [DIM]

❶ 치수표기 방법

- 치수의 단위는 mm로 하고, 단위는 붙이지 않으며, 보는 사람의 입장에서 명확하도록 치수를 기입한다.
- 필요한 치수의 기재가 누락되는 일이 없도록 하고, 치수선의 길이는 모두 통일한 간격으로 작도한다.

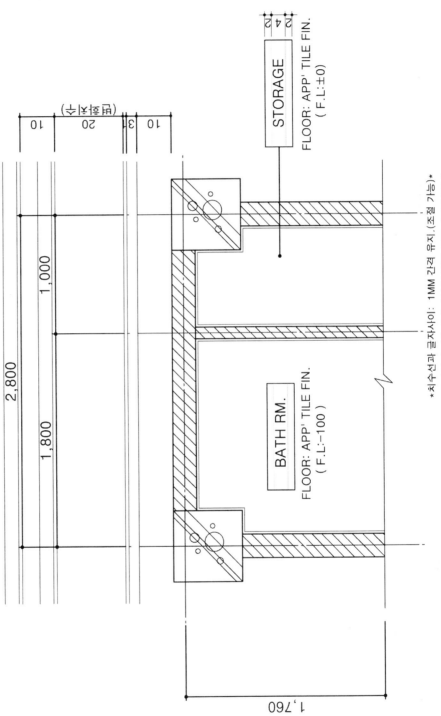

치수선과 글자사이: 1MM 간격 유지. (조절 가능)
중심선과 치수사이: 10MM 간격 유지. (조절 가능)

SECTION 11 가구 [FURNITURE]

❶ 가구의 치수 이해 및 표현방법

[싱글침대, 더블침대/SINGLE BED, DOUBLE BED]

[나이트 테이블/NIGHT TABLE]

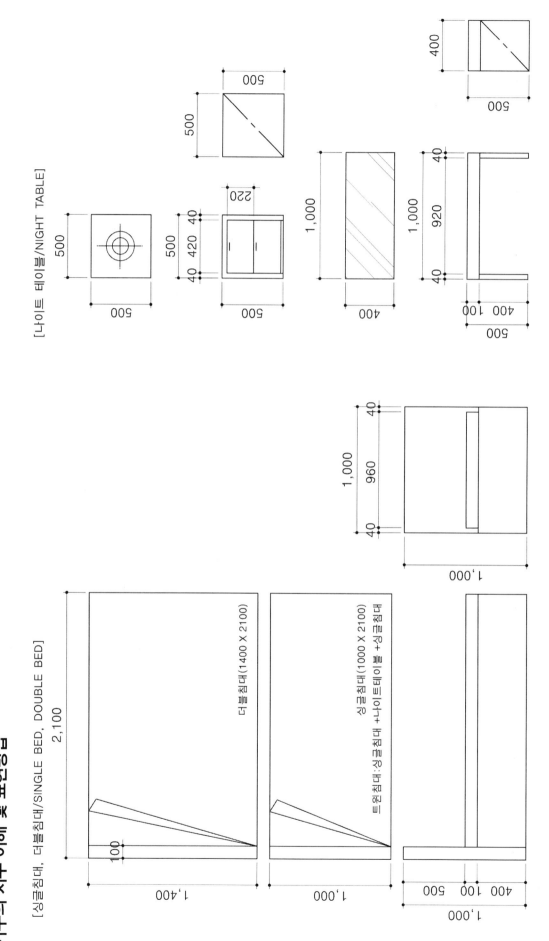

더블침대(1400 X 2100)

싱글침대(1000 X 2100)

트윈침대:싱글침대 +나이트테이블 +싱글침대

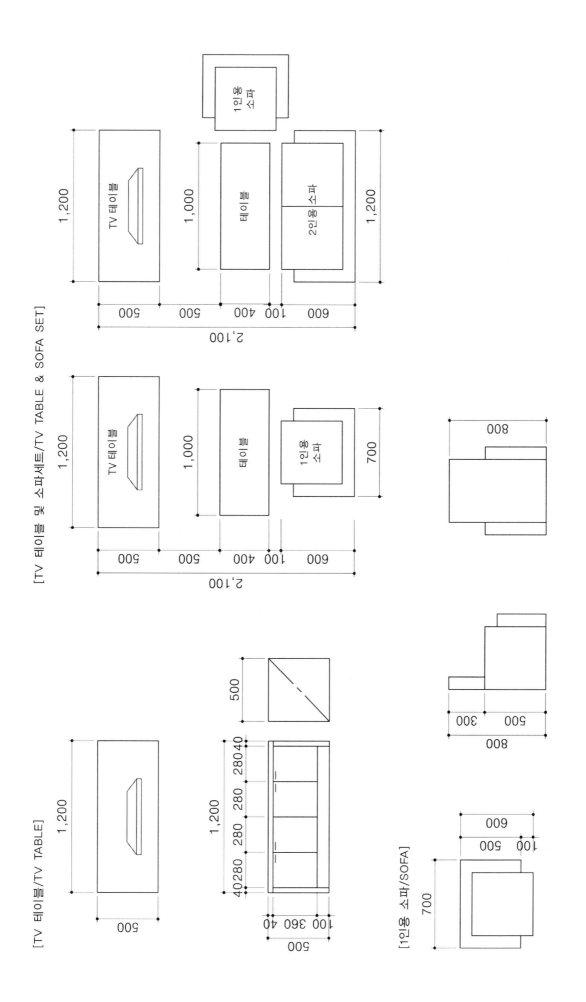

[TV 테이블 및 소파세트/TV TABLE & SOFA SET]

TV 테이블

테이블

2인용 소파

1인용 소파

1,200

1,000

1,200

2,100

500 500 400 100 600

TV 테이블

테이블

1인용 소파

1,200

1,000

700

2,100

500 500 400 100 600

800

800

500 300

[TV 테이블/TV TABLE]

TV 테이블

1,200

500

1,200

500

40 280 280 280 40

100 360 40

500

[1인용 소파/SOFA]

600

500 100

700

[4인용 소파세트/4인용 SOFA SET]

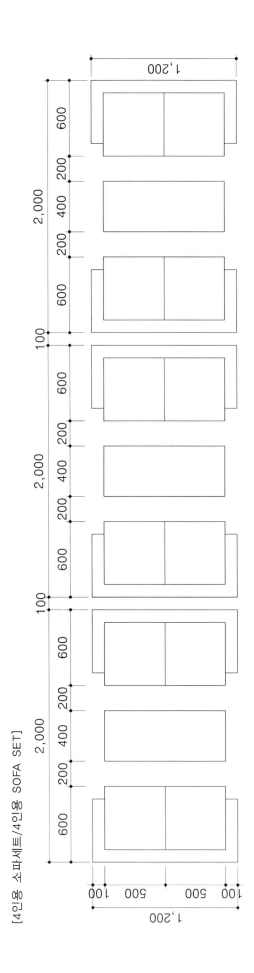

[2인용, 3인용, 4인용 테이블세트/TABLE SET]

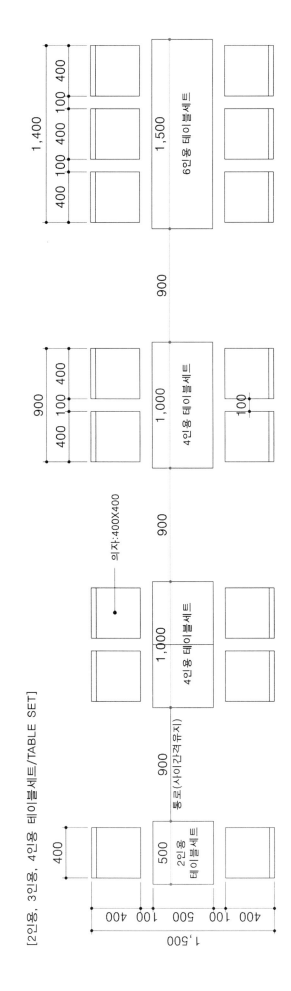

의자:400X400

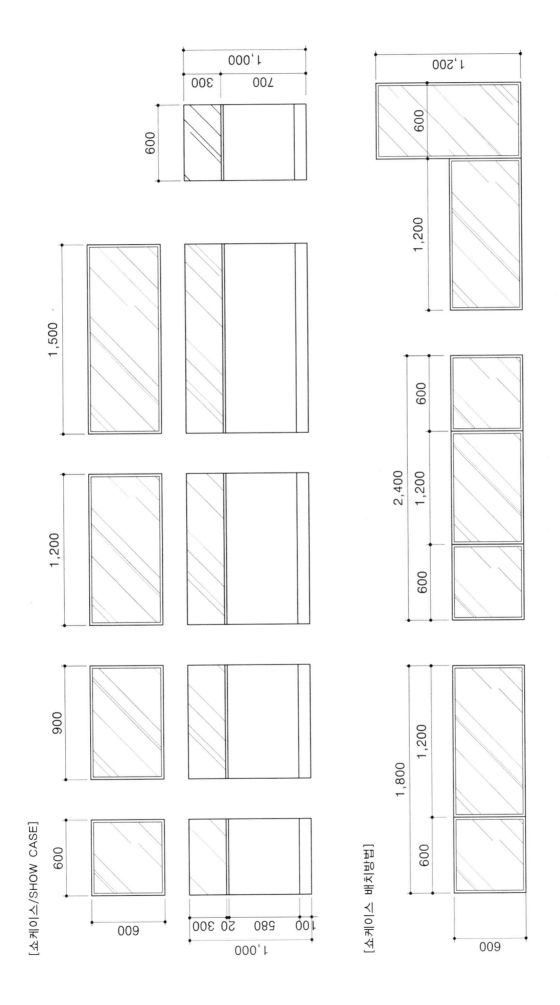

[쇼케이스/SHOW CASE]

[쇼케이스 배치방법]

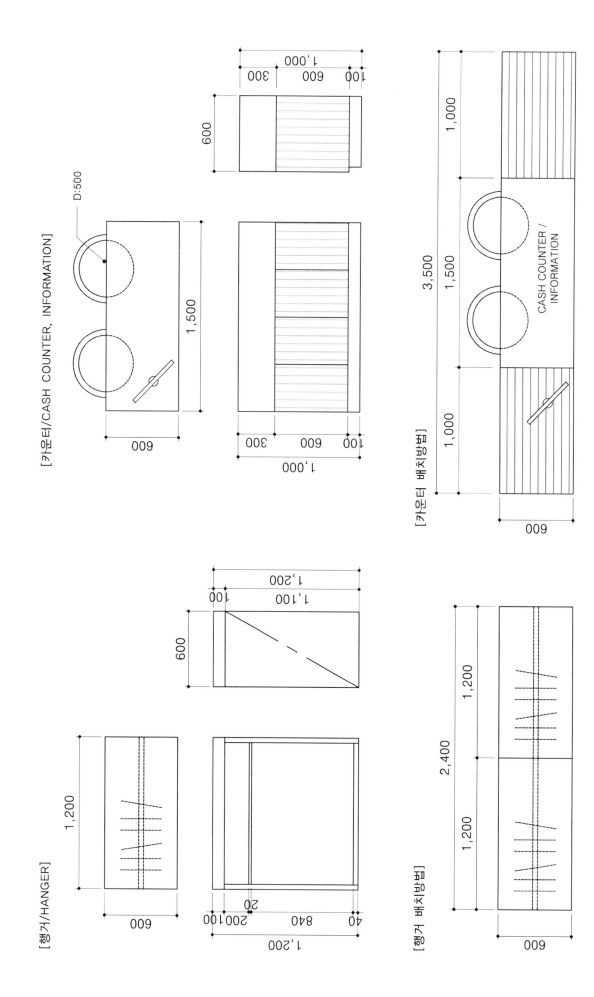

[카운터/CASH COUNTER, INFORMATION]

D:500

1,500

600

1,000

300 600 100

300 600 100
1,000

600

[카운터 배치방법]

CASH COUNTER /
INFORMATION

3,500

1,000 1,500 1,000

600

[행거/HANGER]

1,200

600

1,200

600

1,100 100
1,200

40 840 200 100 20
1,200

[행거 배치방법]

2,400

1,200 1,200

600

[책상/DESK]

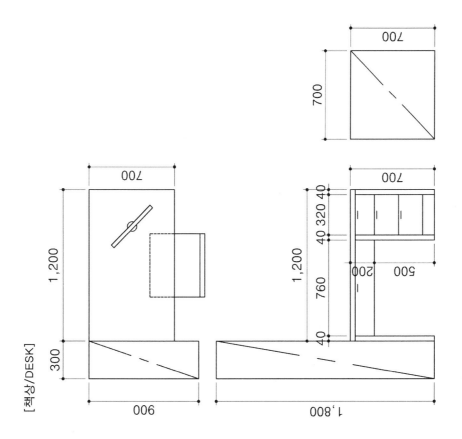

[화장대/DRESS TABLE]

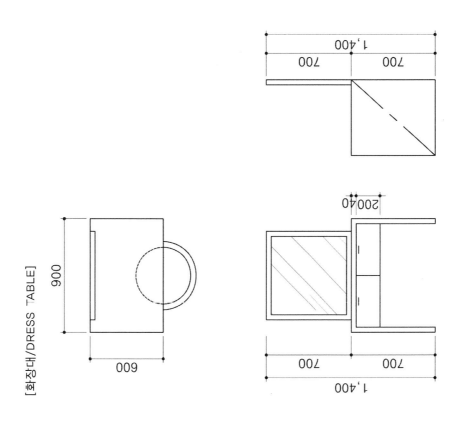

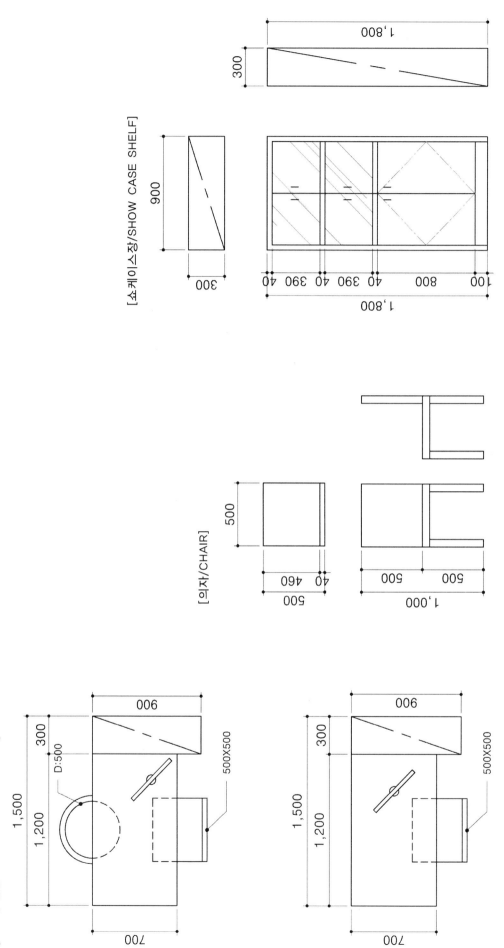

실내건축기능사 실기 작업형

[PC 테이블/PC DESK & CHAIR SET]

[쇼케이스장/SHOW CASE SHELF]

[의자/CHAIR]

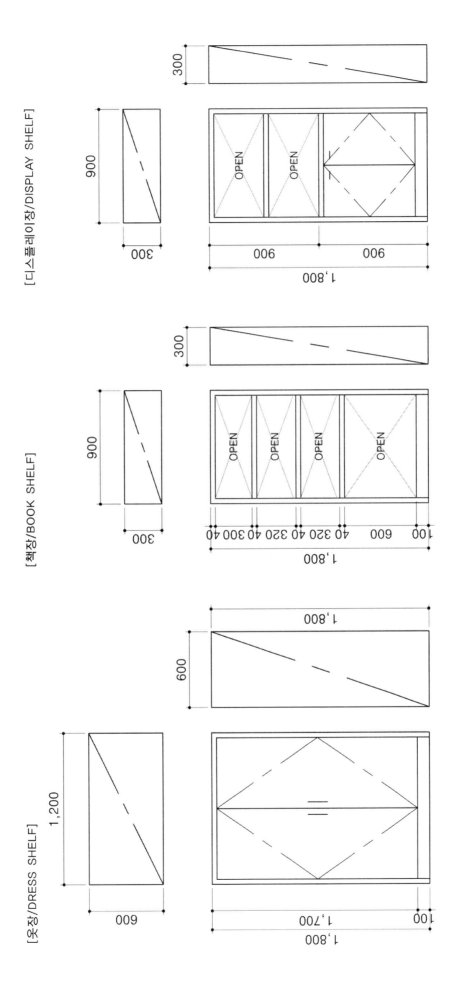

[옷장/DRESS SHELF]

[책장/BOOK SHELF]

[디스플레이장/DISPLAY SHELF]

SECTION 12 공간별 가구치수

❶ 부엌 [KITCHEN] 가구

• 작업대의 배치유형에 따라 부엌가구를 배치할 수 있다. 기본적으로 부엌가구는 일자형 평면, 병렬형 평면, U자형 평면, L자형 평면으로 배치되며, 변형으로 아일랜드(Island)형이나 반도(Peninsula)형이 있다. 각 조리공간은 준비대－개수대－가열대 등 3개의 주 활동시설 사이에 이루어진다.

[평면도] SCALE : 1/30

2,750
500
1,500
50
700
1,200
550
650
(SINK SIZE)
450
600
900
REF.
600
350
상부선반
싱크대세트 (SINK SET)
2인용 식탁세트

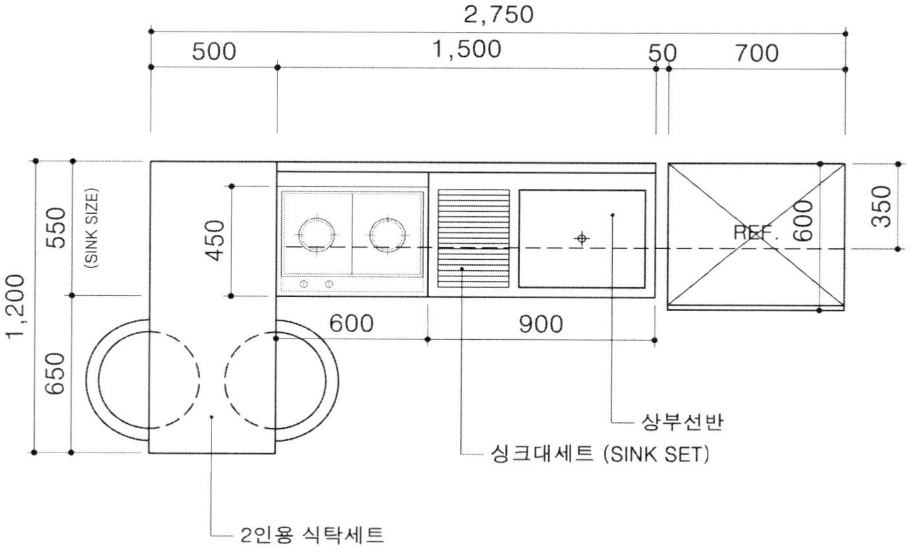

[부엌배치 : 일자형 평면]
일자형 평면은 최소한의 공간을 차지하나, 긴 삼각작업도를 갖게 된다.
(가열대－준비대－개수대)

[입면도] SCALE : 1/30

2,750
500
1,500
750
MOULDING: APP' WOOD SHEET FIN.
WALL: APP' WALL PAPER FIN.
150
700
600
100
850
700
150
400
50
1,800
2,400
REF. SIZE
(700 X 1800)
WALL:APP' TILE FIN.(200X200)

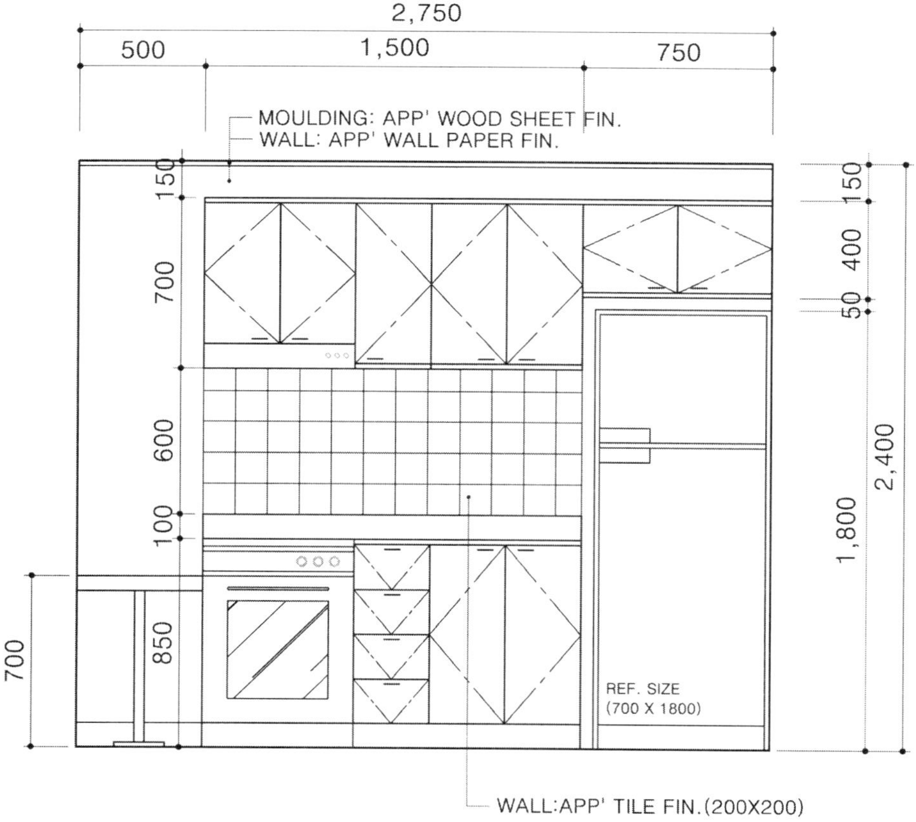

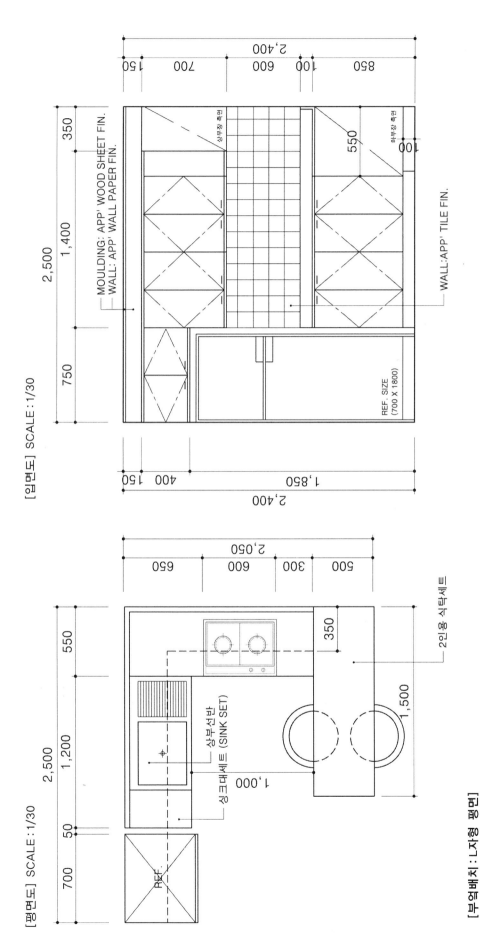

[입면도] SCALE : 1/30

2,500
750 | 1,400 | 350

MOULDING: APP' WOOD SHEET FIN.
WALL: APP' WALL PAPER FIN.

상부장 측면

상부장 측면
550

하부장 측면
100

WALL:APP' TILE FIN.

REF. SIZE
(700 X 1800)

2,400
1,850 | 400 | 150
150

2,400
850 | 100 | 600 | 700 | 150
150

[평면도] SCALE : 1/30

2,500
700 | 50 | 1,200 | 550

REF.

싱크대세트
상부선반
상부선반 (SINK SET)
1,000

350
1,500

2,050
500 | 300 | 600 | 650

2인용 식탁세트

[부엌배치 : ㄴ자형 평면]

ㄴ자형 평면은 일자형 평면보다 더 짜임새가 있고, 동선에 방해를 덜 받는다.
(개수대–준비대–가열대)

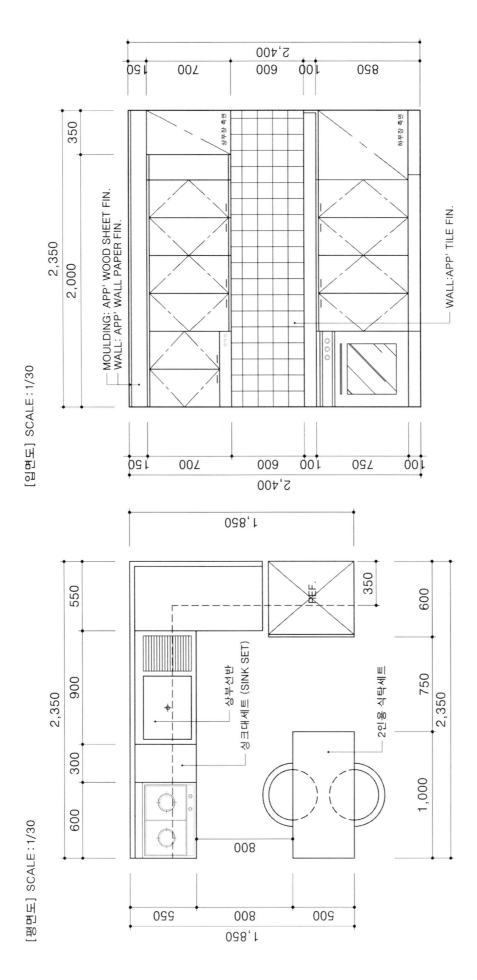

[입면도] SCALE : 1/30

MOULDING: APP' WOOD SHEET FIN.
WALL: APP' WALL PAPER FIN.

WALL:APP' TILE FIN.

상부장 측면

하부장 측면

[평면도] SCALE : 1/30

상부선반

싱크대세트 (SINK SET)

2인용 식탁세트

REF.

[부위배치 : ㄴ자형 평면+아일랜드]

싱크대와 식탁을 별도로 마련하여 식사 또는 작업대로 사용할 수 있으며 동선의 중복 없이 작업의 시간 및 에너지를 절약할 수 있다.

❷ 화장실 [BATH ROOM/TOILET]

• 주거공간 화장실은 가로 1,500mm, 세로 2,100mm 정도의 공간이 필요하며 세면기(lavatory), 변기(water closet), 욕조(bathing tub)로 구성되어 있다.

[평면도] SCALE : 1/30

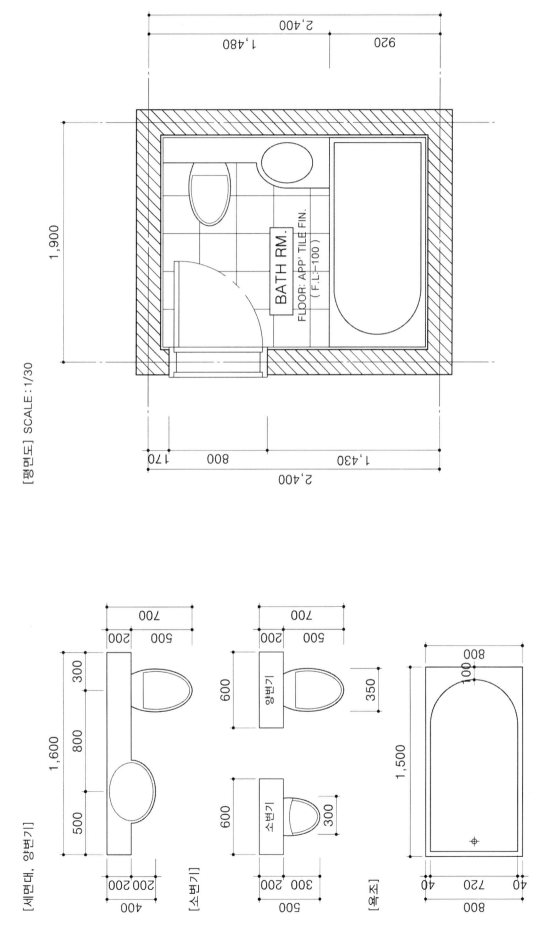

BATH RM.
FLOOR: APP' TILE FIN.
(F.L.-100)

[세면대, 양변기]

[소변기]

[욕조]

[평면도] SCALE : 1/30

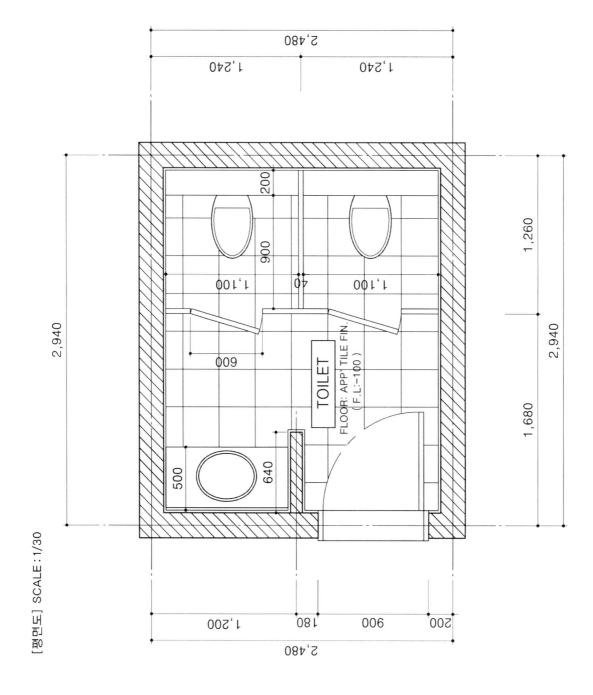

PART 02

PART

과년도 문제 및 해설

자격종목	작업명	시험시간
실내건축기능사	원룸형 주거공간① [서재]	5시간 30분

요구조건

1. 설계면적 : 4,000mm × 4,000mm × 2,400mm(H)

2. 구성원 : 30대 건축가

3. 벽체 : 외벽 −1.5B 붉은벽돌 공간쌓기, 내벽 −1.0B 시멘트벽돌 쌓기

4. 창호 : 1,500mm × 1,500mm(H), 2중 창호(내부 −목재, 외부 −알루미늄)로 한다.

5. 출입문 : 900mm × 2,100mm(H)

6. 주요 가구 : 옷장, 컴퓨터 책상 및 책장, 의자
   (그 외 가구는 수검자 임의로 넣을 수 있다.)

요구도면

1. 평면도(가구 배치 및 바닥마감재 표시) SCALE : 1/30

2. 천장도(조명기구 배치 및 설비, 마감재 표시) SCALE : 1/30

3. 내부입면도 B(벽면마감재 표시) SCALE : 1/30

4. 실내투시도(채색작업 필수) SCALE : N.S
   (수검자가 좋은 지점으로 지정하여 1소점 투시도 또는 2소점 투시도로 작성하되, 투시보조선을 남길 것)

* 첫 번째 장에는 평면도, 두 번째 장에는 천장도, 내부입면도, 세 번째 장에는 실내투시도 작성
* 문제지는 시험 종료 후 본인이 가져갈 수 없습니다.

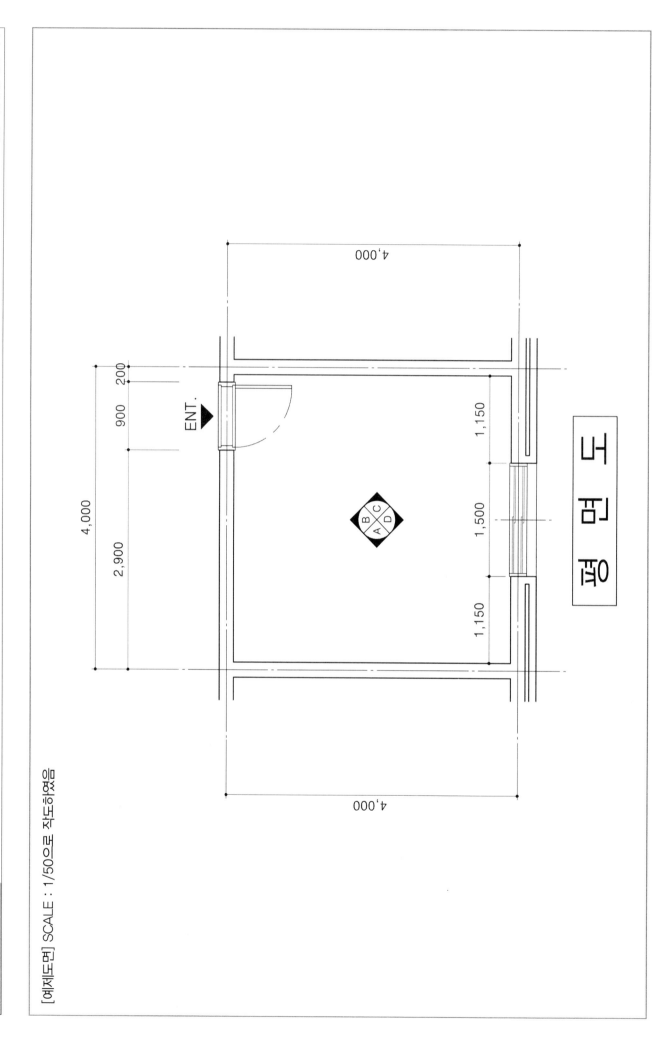

[예제도면] SCALE : 1/50으로 작도하였음

평 면 도

ENT.

4,000

4,000

4,000

2,900

900

200

1,150

1,500

1,150

① 평면도 [예제도면] SCALE : 1/50으로 작도하였음

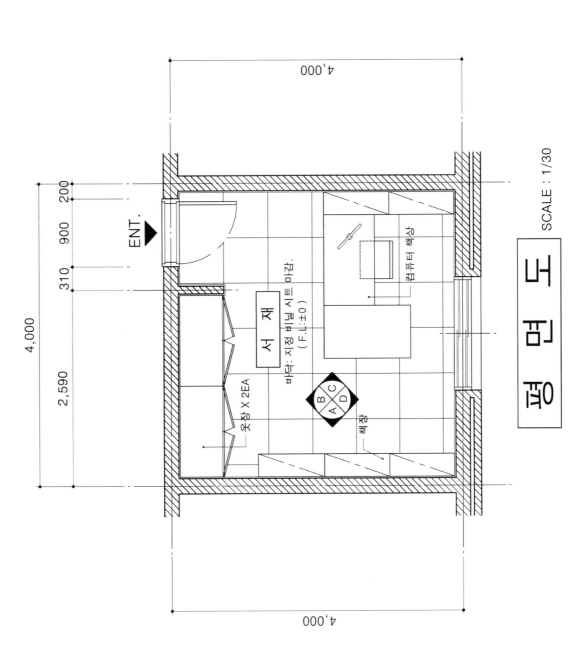

평 면 도
SCALE : 1/30

[평면도 작도순서]
1. 테두리선을 작도
2. 도면 스케일을 확인
3. 연한선 : 스케일 확인 후 치수에 맞게 선 긋기
4. 연한선 : 벽체 간격
5. 중간선 : 창문, 문 위치 확인 후 작도
6. 진한선 : 벽체
7. 중간선 : 마감 20mm
8. 중간선 : 가구 배치
9. 연한선 : 바닥 해칭
10. 중간선 : 치수 기입, 글자 기입
    (가구명, 마감재료 표현)
11. 중간선 : 벽체해칭, 입면기호, ENT.
12. 평면도 글자 작성

바닥 : 지정 비닐 시트 마감.
(F.L:±0)

서 재

컴퓨터 책상

옷장 X 2EA

책장

ENT.

4,000
2,590
310
900
200

4,000

❷ 천장도 [예제도면] SCALE : 1/50으로 작도하였음

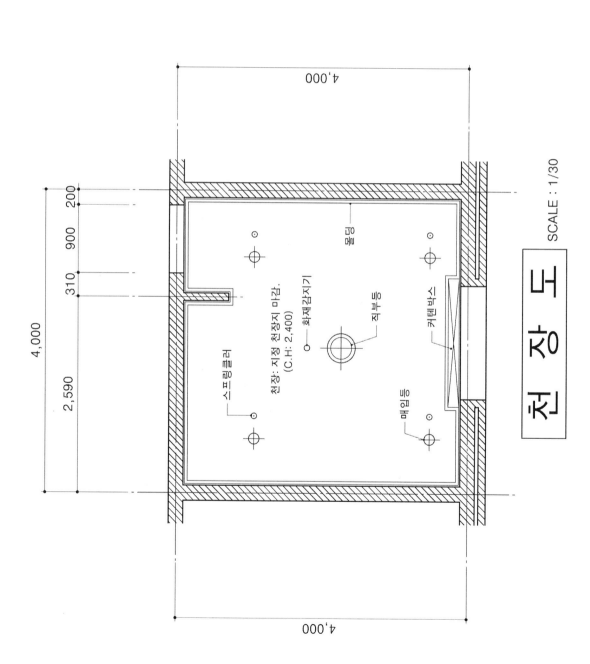

천 장 도
SCALE : 1/30

[천장도 작도순서]

1. 테두리선을 작도
2. 도면 스케일 확인
3. 연한선 : 벽체
4. 진한선 : 벽체, 창문, 문
5. 중간선 : 마감 20mm
6. 중간선 : 커텐박스(양쪽:100/ D:150)
7. 중간선 : 몰딩(20~40mm)
8. 연한선 : 조명계획
9. 중간선 : 조명, 설비 배치
10. 중간선 : 치수 기입, 글자 기입(천정마감재, 조명이름)
11. 중간선 : 벽체해치
12. 천장도 글자작성
13. 범례표(LEGEND) 작성

❸ 내부입면도 B [예제도면] SCALE : 1/50으로 작도하였음

[입면도 작도순서]

1. 테두리선을 작도
2. 스케일 및 입면방향 확인
3. 연한선 : 벽체 중심선 – 벽체 두께를 뺀 내부 벽면
4. 연한선 : 도면문제 확인 후 높이 설정
5. 진한선 : 내부 입면 벽체
6. 중간선 : 가구, 창문
7. 중간선 : 걸레받이(H:100), 몰딩(20~40mm)
8. 중간선 : 치수, 글자 기입(가구명, 마감재료 표현)
9. 내부입면도 B 글자 작성

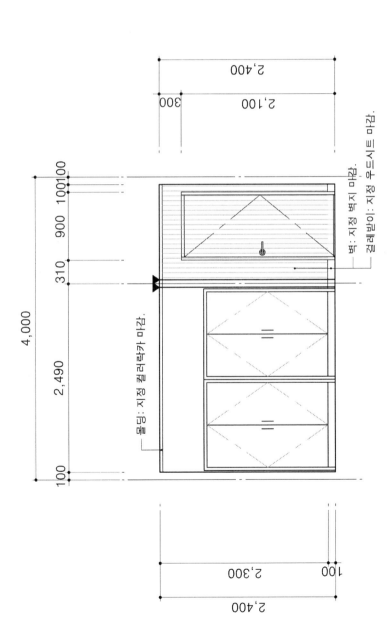

내부입면도 B SCALE : 1/30

❹ 실내투시도-1

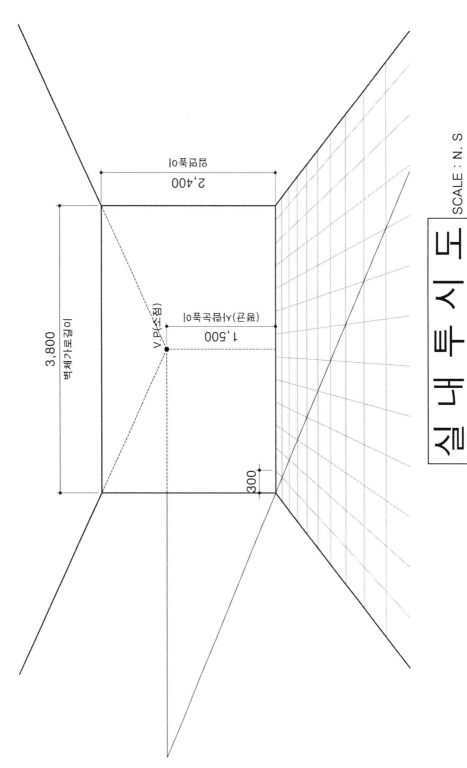

[실내투시도 작도순서]

1. 테두리선을 작도
2. 투시도 방향 설정(문제에서 주어진 경우 제외)
3. 연결선 : 평면 가로길이, 입면 높이 사각 형 작도
4. 연결선 : 바닥 1,500mm, 벽체 가로길이 1/2
5. 연결선 : V.P를 이용해서 모서리 연결
6. 연결선 : 바닥 300mm 간격으로 작도
7. 연결선 : D.P 모서리 연결 후 기둥선 작도
8. 중간선 : 가구 위치 설정
9. 중간선 : 가구 높이 설정
10. 중간선 : 조명 작도
11. 중간선 : 실내투시도 글자 작성
12. 펜 작업
13. 컬러링 작업

– V.P(Vanishing Point) : 소점
평행선을 수평선상 한 점에 모이게 하는 점

실 내 투 시 도
SCALE : N. S

3,800
벽체가로길이

2,400
입면폭이

1,500
사람눈높이(평균)

300

V.P(소점)

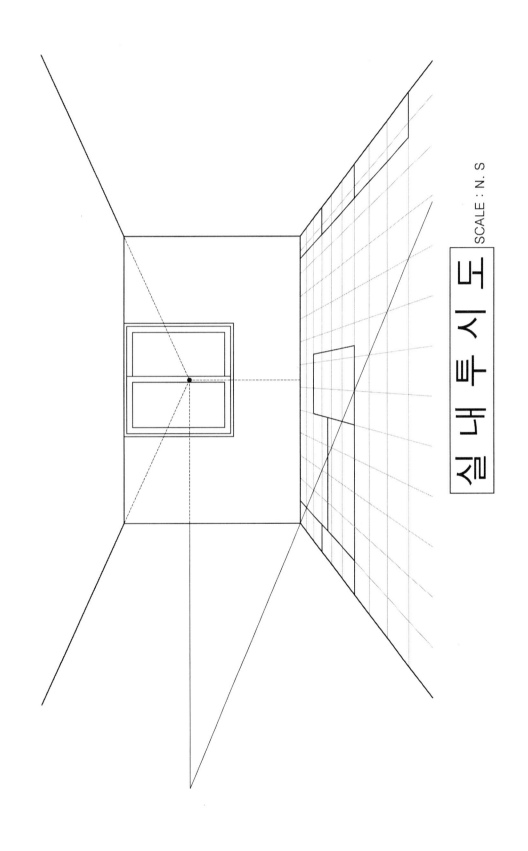

실 내 투 시 도

SCALE : N. S

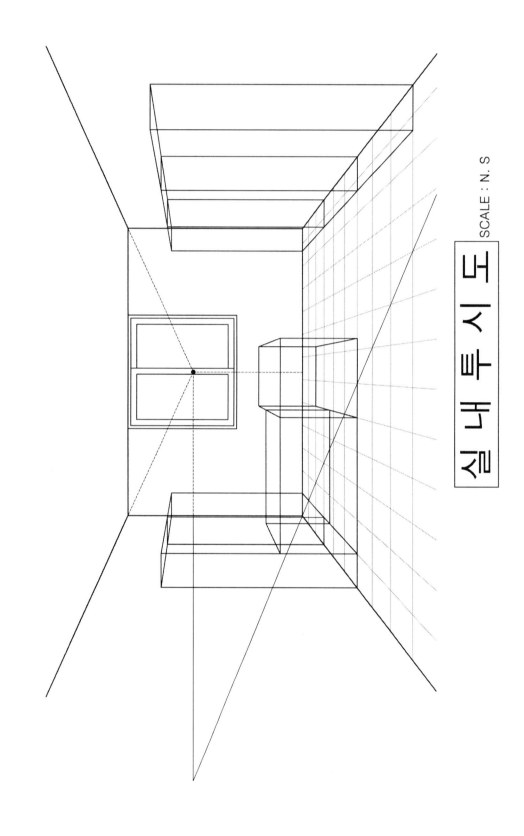

실 내 투 시 도

SCALE : N. S

⑤ 실내투시도-2(펜 작업)

❻ 실내투시도 − 3(펜, 마카 컬러링 작업)

자격종목	작업명	시험시간
실내건축기능사	원룸형 주거공간② [거실]	5시간 30분

요구조건

1. 설계면적 : 4,000mm × 3,900mm × 2,400mm(H)
2. 구성원 : 2인가족(신혼부부)
3. 벽체 : 외벽 – 1.5B 붉은벽돌 공간쌓기, 내벽 – 1.0B 시멘트벽돌 쌓기
4. 창호 : 2,400mm × 2,400mm(H), 2,400mm × 1,500mm(H), 2중 창호(내부 – 목재, 외부 – 알루미늄)로 한다.
5. 출입문 : 900mm × 2,100mm(H)
6. 주요 기구 : TV 및 오디오 테이블, 2인용 소파세트, 테이블, 플로어 스텐드, 에어컨

   (그 외 가구는 수검자 임의로 넣을 수 있다.)

요구도면

1. 평면도(가구 배치 및 바닥마감재 표시) SCALE : 1/30
2. 천장도(조명기구 배치 및 설비, 마감재 표시) SCALE : 1/30
3. 내부입면도 C(벽면 마감재 표시) SCALE : 1/30
4. 실내투시도(채색작업 필수) SCALE : N.S

   (수검자가 좋은 지점으로 지정하여 1소점투시도 또는 2소점투시도로 작성하되, 투시보조선을 남길 것)

* 첫 번째 장에는 평면도, 두 번째 장에는 천장도, 내부입면도, 세 번째 장에는 실내투시도 작성
* 문제지는 시험 종료 후 본인이 가져갈 수 없습니다.

[예제도면] SCALE : 1/50으로 작도하였음

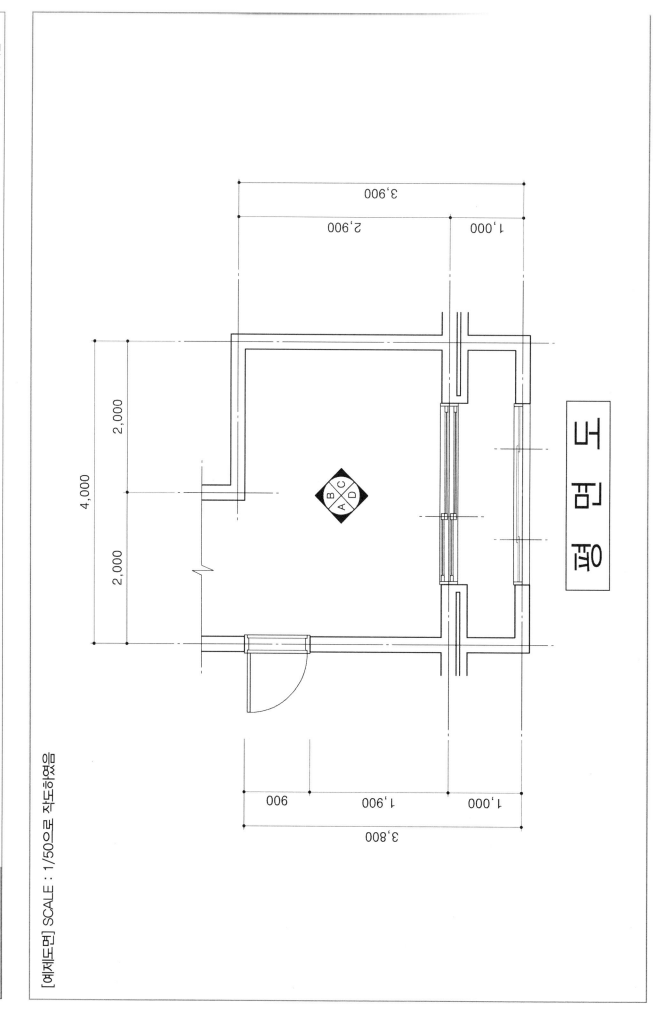

평 면 도

평면도 [예제도면] SCALE : 1/50으로 작도하였음

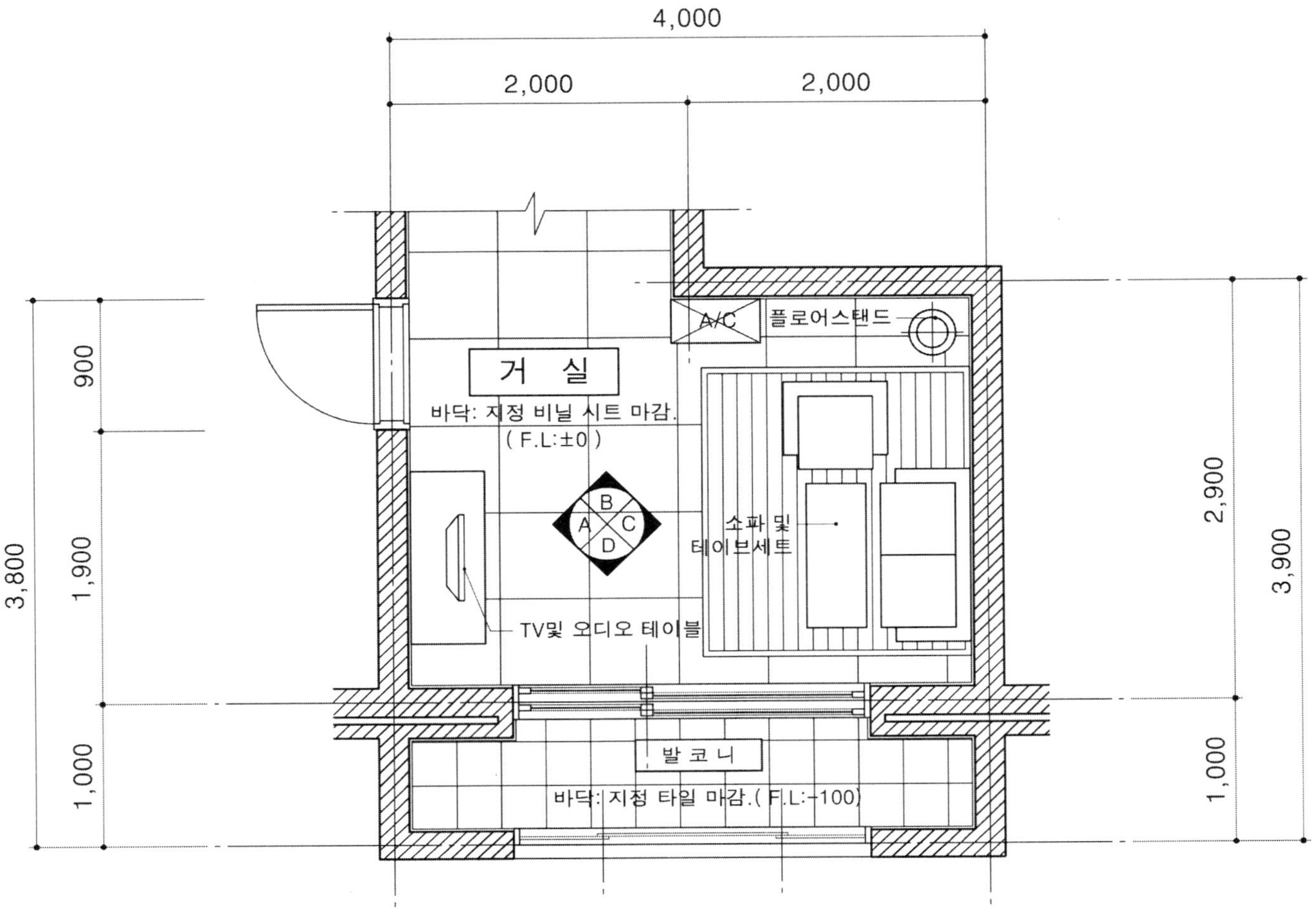

❶

3,900
2,900
1,000

4,000
2,000
2,000

3,800
900
1,900
1,000

플로어스탠드

A/C

소파 및 테이블세트

발코니

바닥: 지정 타일 마감.(F.L:-100)

거 실

바닥: 지정 비닐시트 마감
(F.L:±0)

TV및 오디오 테이블

B A C D

평 면 도

SCALE : 1/30

② 천장도 [예제도면] SCALE : 1/50으로 작도하였음

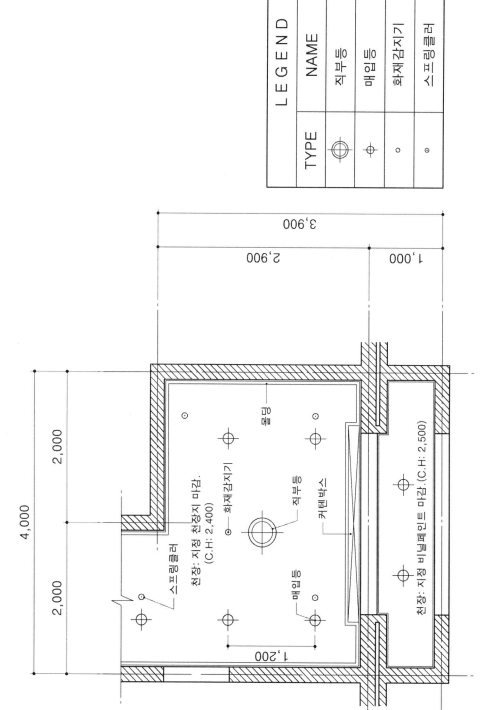

TYPE	NAME	EA
◉	직부등	1
⊕	매입등	5
○	화재감지기	1
◎	스프링클러	5

L E G E N D

천 장 도 SCALE : 1/30

스프링클러

천장: 지정 천장지 마감.
(C.H: 2,400)

화재감지기

직부등

커텐박스

몰딩

매입등

천장: 지정 비닐페인트 마감. (C.H: 2,500)

❸ **내부입면도 C** [예제도면] SCALE : 1/50으로 작도하였음

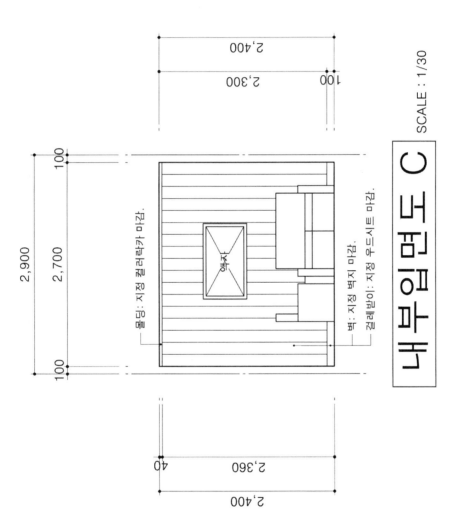

내부입면도 C SCALE : 1/30

④ 실내투시도-1

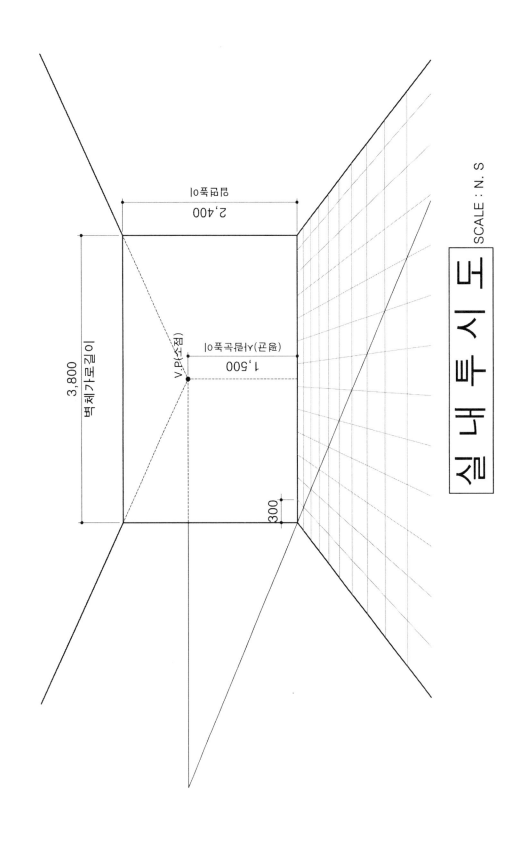

실내투시도
SCALE : N. S

벽면폭이
2,400

V.P(소점)
벽면곡선폭이(벽곡)
1,500

3,800
벽체가로길이

300

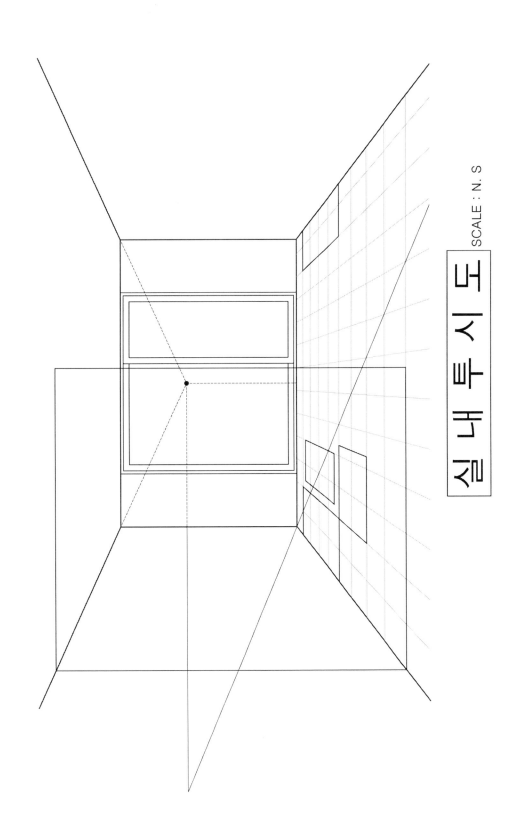

실 내 투 시 도 SCALE : N. S

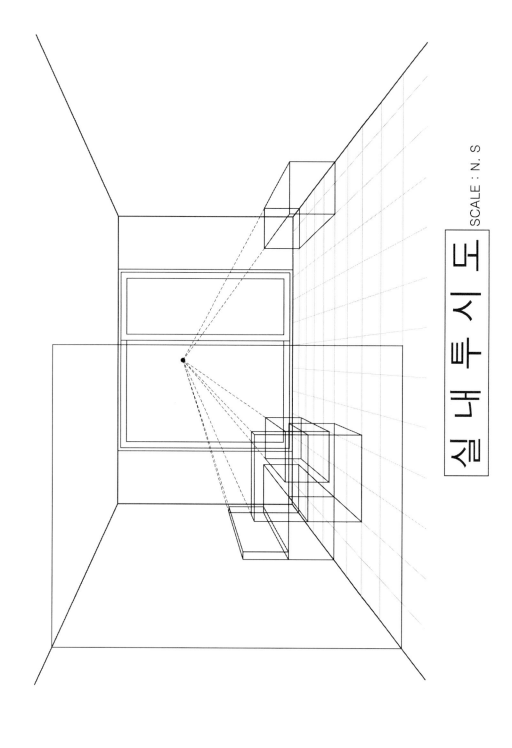

실 내 투 시 도

SCALE : N. S

❺ 실내투시도-2(펜 작업)

❻ 실내투시도−3(펜, 마카 컬러링 작업)

자격종목	작업명	시험시간
실내건축기능사	원룸형 주거공간③ [부엌]	5시간 30분

요구조건

1. 설계면적 : 5,000mm × 4,000mm × 2,400mm(H)
2. 구성원 : 2인가족(신혼부부)
3. 벽체 : 외벽 - 1.5B 붉은벽돌 공간쌓기, 내벽 - 1.0B 시멘트벽돌 쌓기
4. 창호 : 900mm × 600mm(H), 1,200mm × 1,500mm(H), 2중 창호(내부 - 목재, 외부 - 알루미늄)로 한다.
5. 출입문(2) : 900mm × 2,100mm(H)
6. 주요 가구 : 주방 싱크세트(상부 수납장, 하부 수납장), 냉장고, 장식장, 식탁세트(2인용)
   (그 외 가구는 수검자 임의로 넣을 수 있다.)

요구도면

1. 평면도(가구 배치 및 바닥마감재 표시) SCALE : 1/30
2. 천장도(조명기구 배치 및 설비, 마감재 표시) SCALE : 1/30
3. 내부입면도 B(벽면마감재 표시) SCALE : 1/30
4. 실내투시도(채색작업 필수) SCALE : N.S
   (수검자가 좋은 지점으로 지정하여 1소점 투시도 또는 2소점 투시도로 작성하되, 투시보조선을 남길 것)

* 첫 번째 장에는 평면도, 두 번째 장에는 천장도, 내부입면도, 세 번째 장에는 실내투시도 작성
* 문제지는 시험 종료 후 본인이 가져갈 수 없습니다.

[예제도면] SCALE : 1/50으로 작도하였음

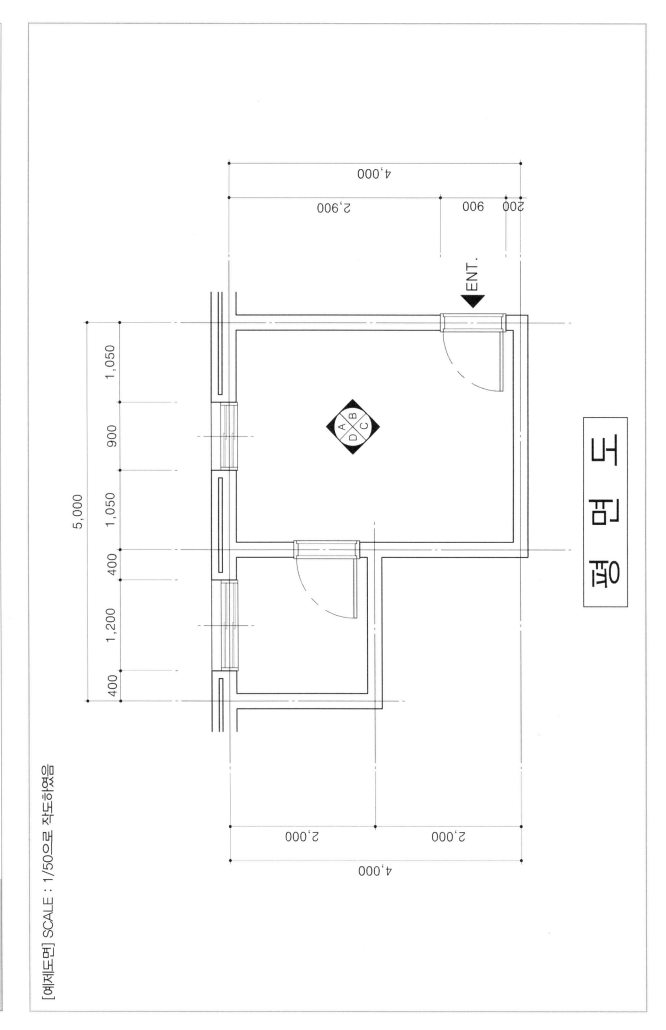

평 면 도

① 평면도 [예제도면] SCALE : 1/50으로 작도하였음

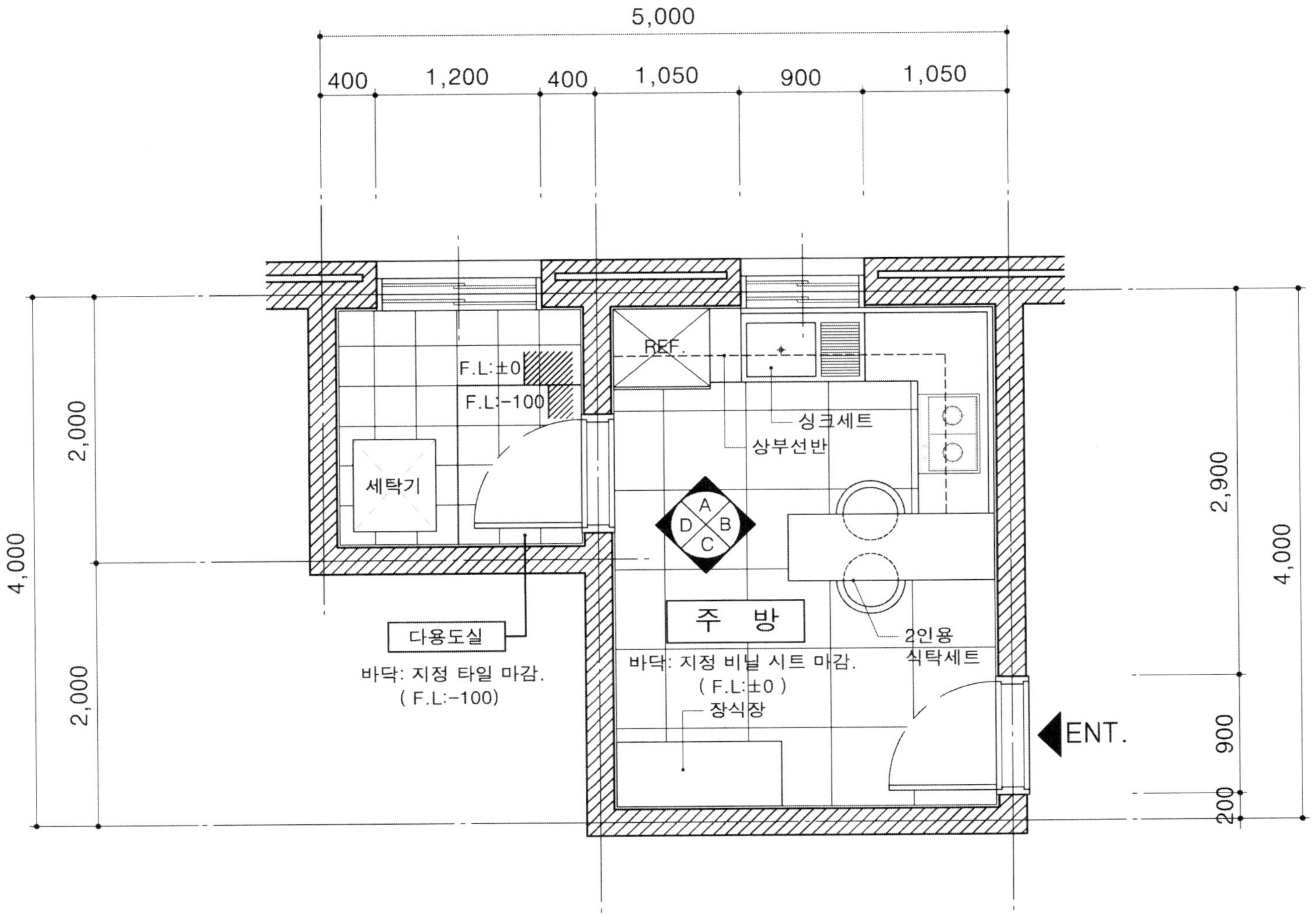

4,000

2,900

900

200

ENT.

2인용
식탁세트

싱크세트

상부선반

REF

A
B
D C

주방

바닥: 지정 비닐 시트 마감.
(F.L:±0)
장식장

F.L:±0
F.L:-100

세탁기

다용도실
바닥: 지정 타일 마감.
(F.L:-100)

1,050

900

1,050

400

1,200

400

5,000

2,000

2,000

4,000

평 면 도

SCALE : 1/30

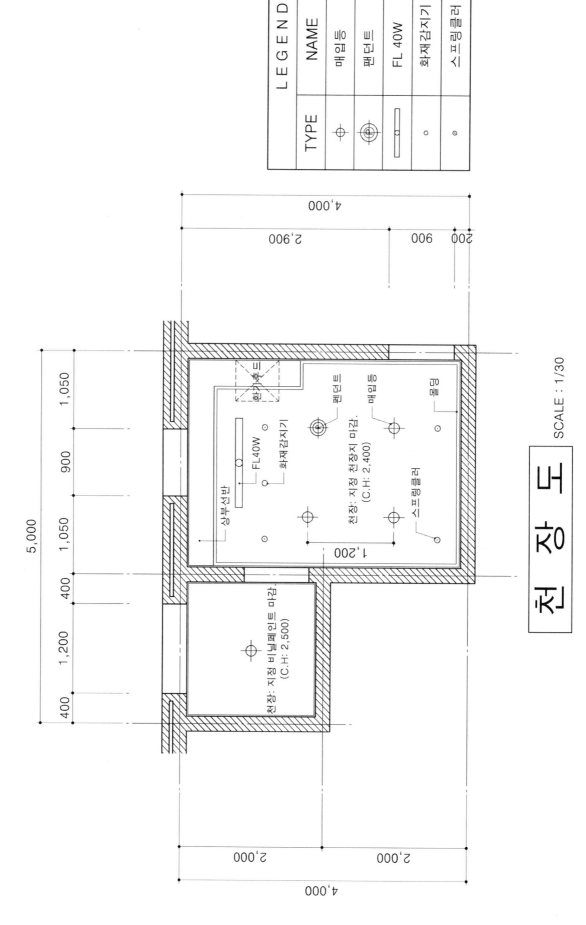

❷ 천장도 [예제도면] SCALE : 1/50으로 작도하였음

L E G E N D		
TYPE	NAME	EA
⊕	매입등	3
◉	팬던트	1
▭	FL 40W	1
○	화재감지기	1
◦	스프링클러	4

천 장 도 SCALE : 1/30

---

❸ **내부입면도 B** [예제|도면] SCALE : 1/50으로 작도하였음

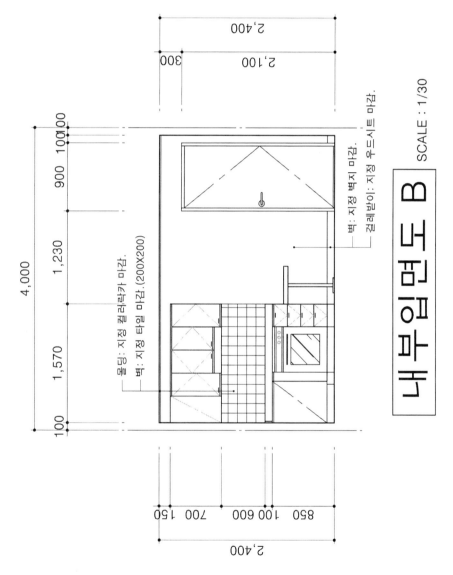

물탱: 지정 컬러락카 마감.
벽: 지정 타일 마감.(200X200)

벽: 지정 벽지 마감.
걸레받이: 지정 우드시트 마감.

내부입면도 B SCALE : 1/30

2,400

300 2,100

4,000

100 900 1,230 1,570 100

2,400

850 700 600 100 150

❹ 실내투시도

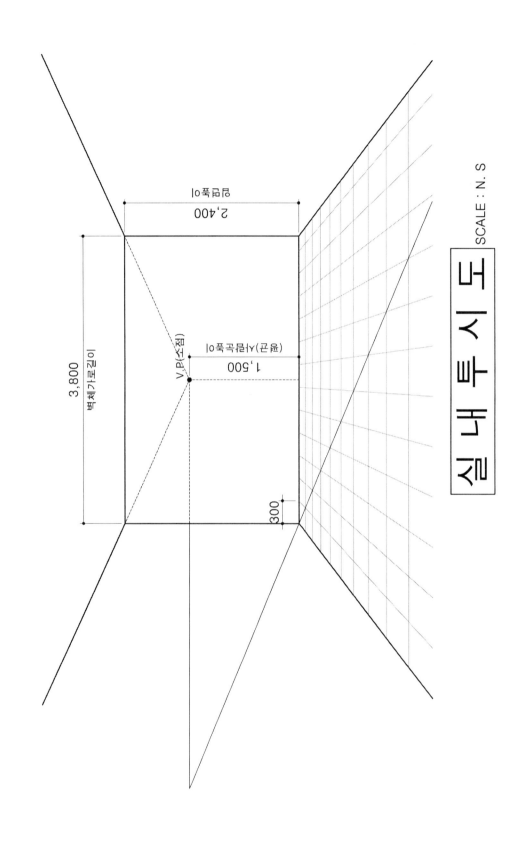

실내투시도-1

실 내 투 시 도
SCALE : N. S

2,400 (천장폭이)

1,500 (천장곡선(원곡)) / 사각곡선폭이

3,800 (벽체가로길이)

V.P(소점)

300

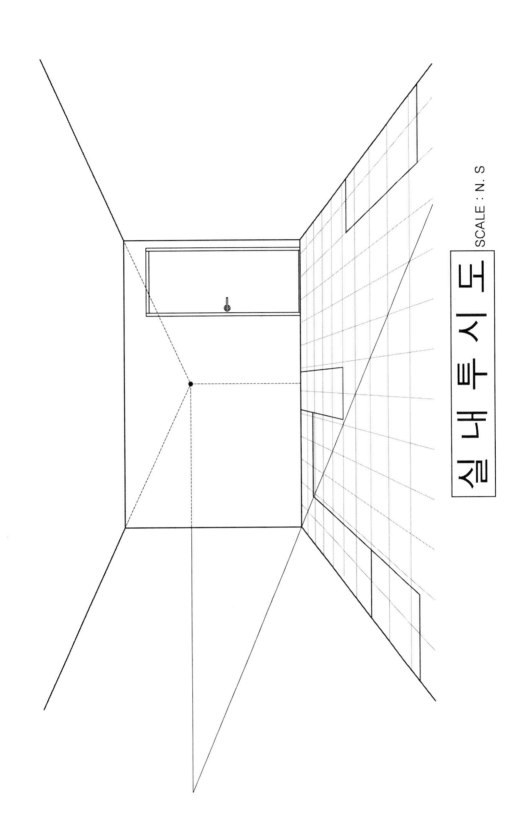

실 내 투 시 도

SCALE : N. S

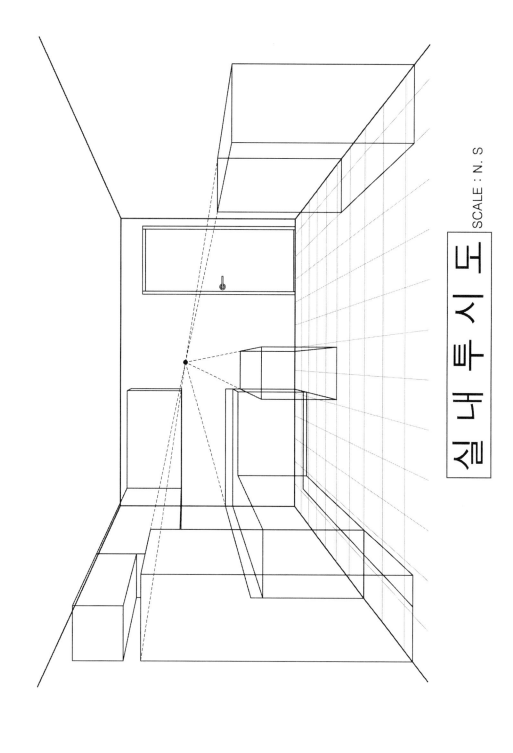

실 내 투 시 도
SCALE : N. S

⑤ 실내투시도—2(펜 작업)

⑥ 실내투시도-3(펜, 마카 컬러링 작업)

자격종목	작업명	시험시간
실내건축기능사	원룸형 주거공간④	5시간 30분

요구조건

1. 설계면적 : 6,700mm × 4,300mm × 2,600mm(H)
2. 구성원 : 20대 여자 대학생 1인
3. 벽체 : 외벽 – 1.5B 붉은벽돌 공간쌓기, 내벽 – 1.0B 시멘트벽돌 쌓기
4. 창호 : 2,400mm × 1,500mm(H), 2중 창호(내부 – 목재, 외부 – 알루미늄)로 한다.
5. 출입문 : 900mm × 2,100mm(H)
6. 주요 가구 : 싱글침대, 나이트 테이블, 화장대, 옷장, 컴퓨터 책상 및 책장, 싱크대, 식탁세트, 신발장, 장식장
   (그 외 가구는 실의 기능에 맞게 수검자가 임의로 넣을 수 있다.)

요구도면

1. 평면도(가구 배치 및 바닥마감재 표시) SCALE : 1/30
2. 천정도(조명기구 배치 및 설비, 마감재 표시) SCALE : 1/30
3. 내부입면도 C(벽면마감재 표시) SCALE : 1/30
4. 실내투시도(제색작업 필수) SCALE : N.S
   (수검자가 좋은 지점으로 지정하여 1소점 투시도 또는 2소점 투시도로 작성하되, 투시보조선을 남길 것)

* 첫 번째 장에는 평면도, 두 번째 장에는 천정도, 내부입면도, 세 번째 장에는 실내투시도 작성
* 문제지는 시험 종료 후 본인이 가져갈 수 없습니다.

[예제도면] SCALE : 1/50으로 작도하였음

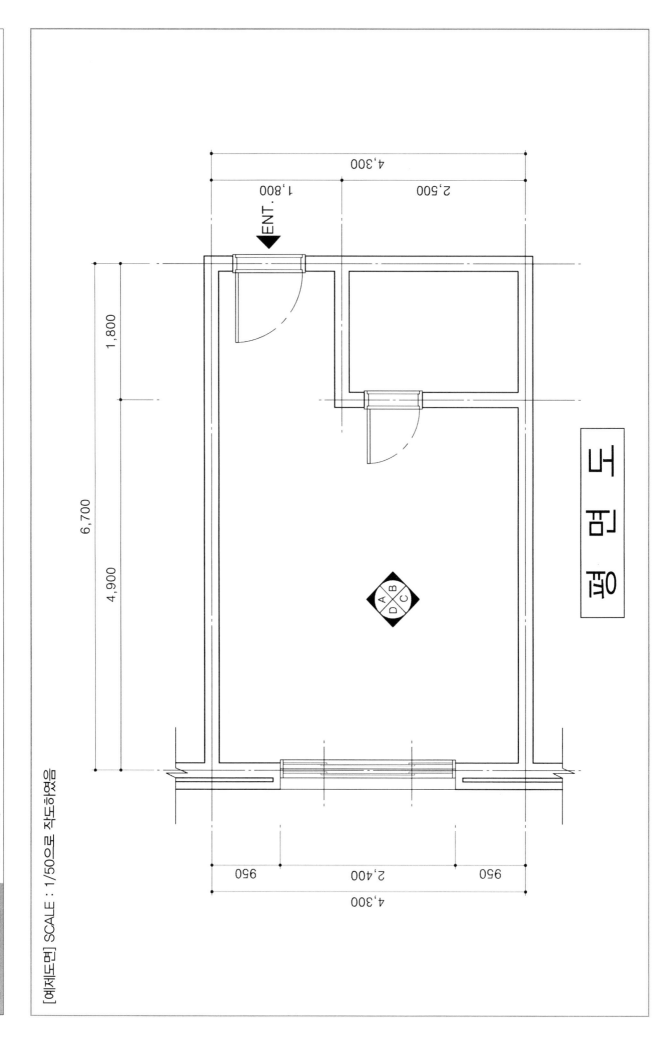

평 면 도

● **평면도** [예제도면] SCALE : 1/50으로 작도하였음

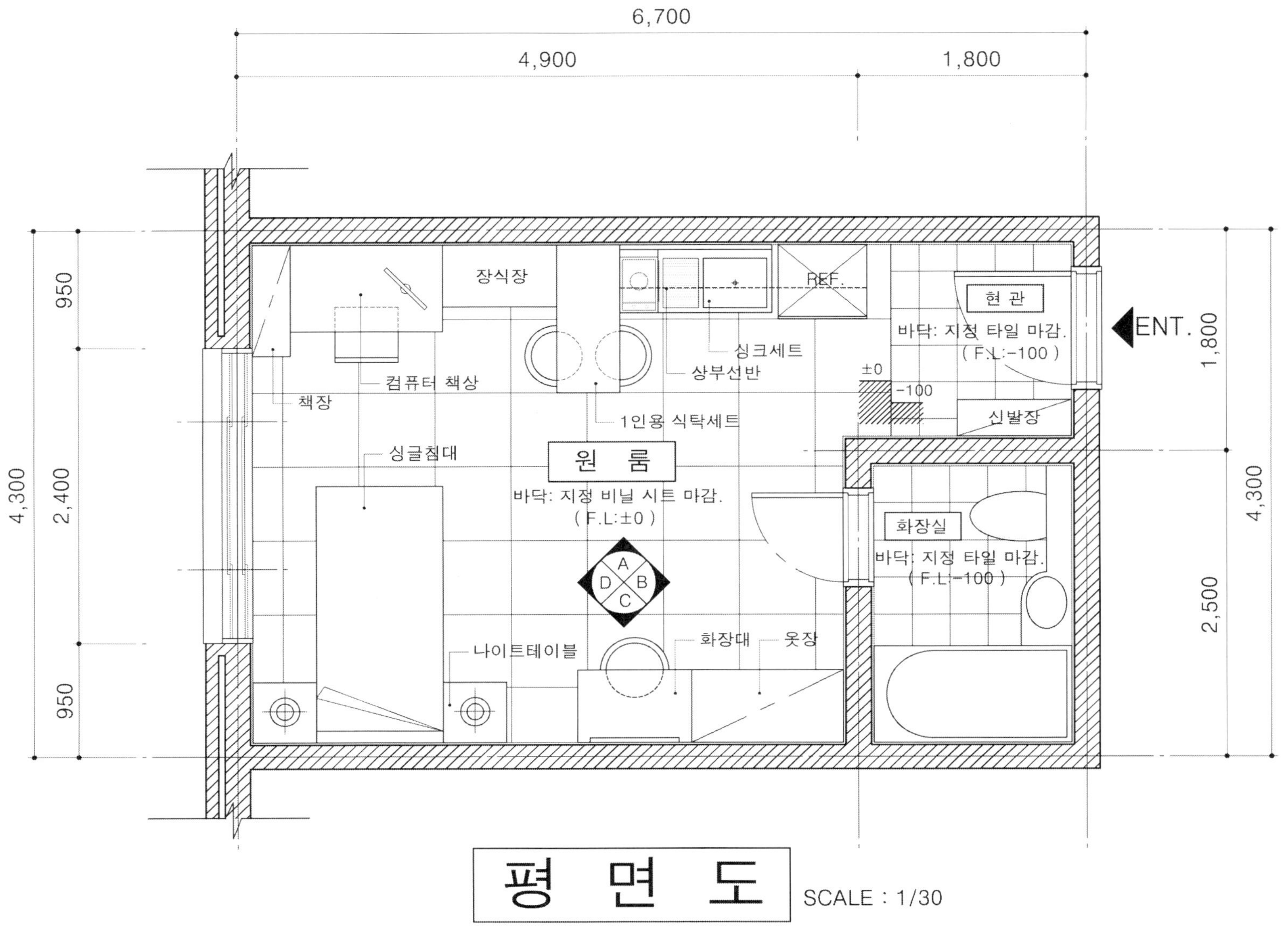

ENT.

현 관

바닥: 지정 타일 마감.
(F.L.:-100)

신발장

REF

싱크세트

상부선반

1인용 식탁세트

화장실

바닥: 지정 타일 마감.
(F.L.:-100)

장식장

컴퓨터 책상

책장

싱글침대

옷장

화장대

원 룸

바닥: 지정 비닐 시트 마감.
(F.L.:±0)

±0 -100

나이트테이블

| A | B |
| D | C |

1,800

6,700

4,900

1,800

4,300

2,500

950

2,400

950

4,300

평 면 도 SCALE : 1/30

❷ **천장도** [예제도면] SCALE : 1/50으로 작도하였음

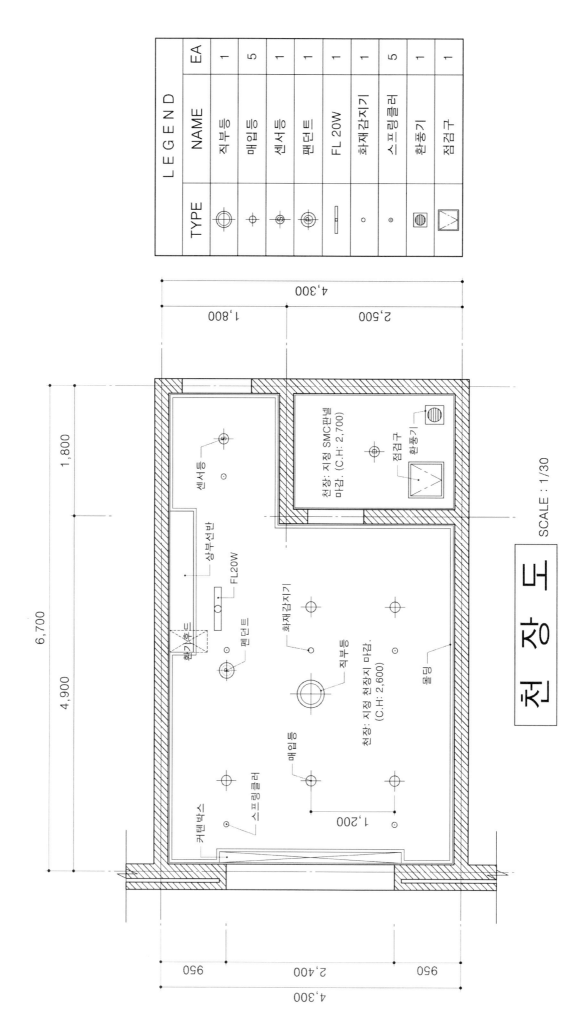

TYPE	NAME	EA
⊕	직부등	1
⊕	매입등	5
⊕	센서등	1
⊕	펜던트	1
▭	FL 20W	1
○	화재감지기	1
⊙	스프링클러	5
▣	환풍기	1
◿	점검구	1

LEGEND

천 장 도

SCALE : 1/30

❸ **내부입면도 C** [예제도면] SCALE : 1/50으로 작도하였음

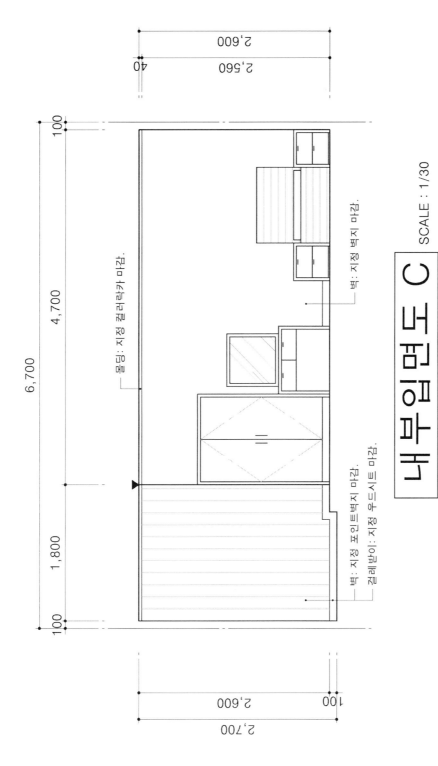

물림 : 지정 컬러락카 마감.

벽 : 지정 벽지 마감.

벽 : 지정 포인트벽지 마감.

걸레받이 : 지정 우드시트 마감.

내부입면도 C SCALE : 1/30

❹ 실내투시도

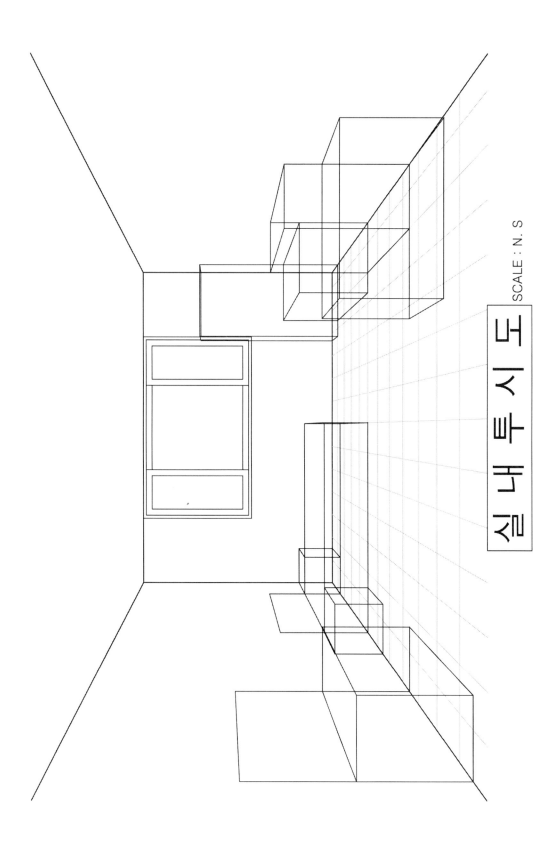

실 내 투 시 도
SCALE : N. S

❺ 실내투시도-2(펜 작업)

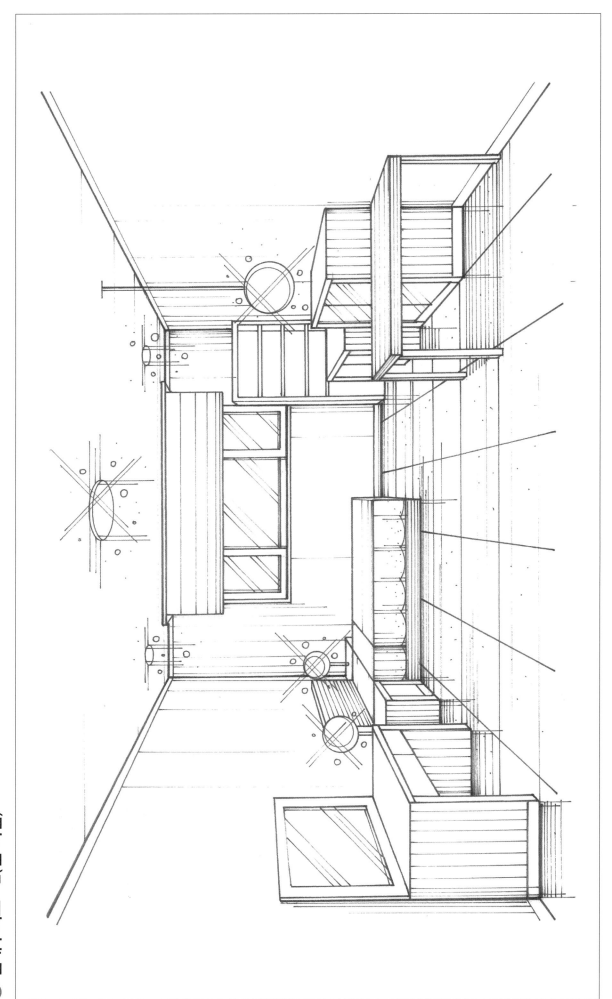

⑥ 실내투시도-3(펜, 마카 컬러링 작업)

자격종목	작업명	시험시간
실내건축기능사	원룸형 주거공간⑤	5시간 30분

요구조건

1. 설계면적 : 6,500mm × 4,300mm × 2,400mm(H)
2. 구성원 : 20대 남자 대학생 1인
3. 벽체 : 외벽 – 1.5B 붉은벽돌 공간쌓기, 내벽 – 1.0B 시멘트벽돌 쌓기, 기타 벽 – 0.5B 시멘트벽돌 쌓기
4. 창호 : 1,500mm × 1,500mm(H), 2중 창호(내부 – 목제, 외부 – 알루미늄)로 한다.
5. 출입문 : [현관] 1,000mm × 2,100mm(H), [화장실] 800mm × 2,000mm(H)
6. 주요 가구 : 싱글침대, 나이트 테이블, 옷장, 컴퓨터 책상, 의자, 책장, 신발장, 장식장, 주방시설(싱크대세트), 식탁세트
   (그 외 가구는 실의 기능에 맞게 수검자가 임의로 넣을 수 있다.)

요구도면

1. 평면도(가구 배치 및 바닥마감재 표시) SCALE : 1/30
2. 천장도(조명기구 배치 및 설비, 마감재 표시) SCALE : 1/30
3. 내부입면도 B(벽면 마감재 표시) SCALE : 1/30
4. 실내투시도(채색작업 필수) SCALE : N.S
   (수검자가 좋은 지점으로 지정하여 1소점 투시도 또는 2소점 투시도로 작성하되, 투시보조선을 남길 것)

* 첫 번째 장에는 평면도, 두 번째 장에는 천장도, 내부입면도, 세 번째 장에는 실내투시도 작성
* 문제지는 시험 종료 후 본인이 가져갈 수 없습니다.

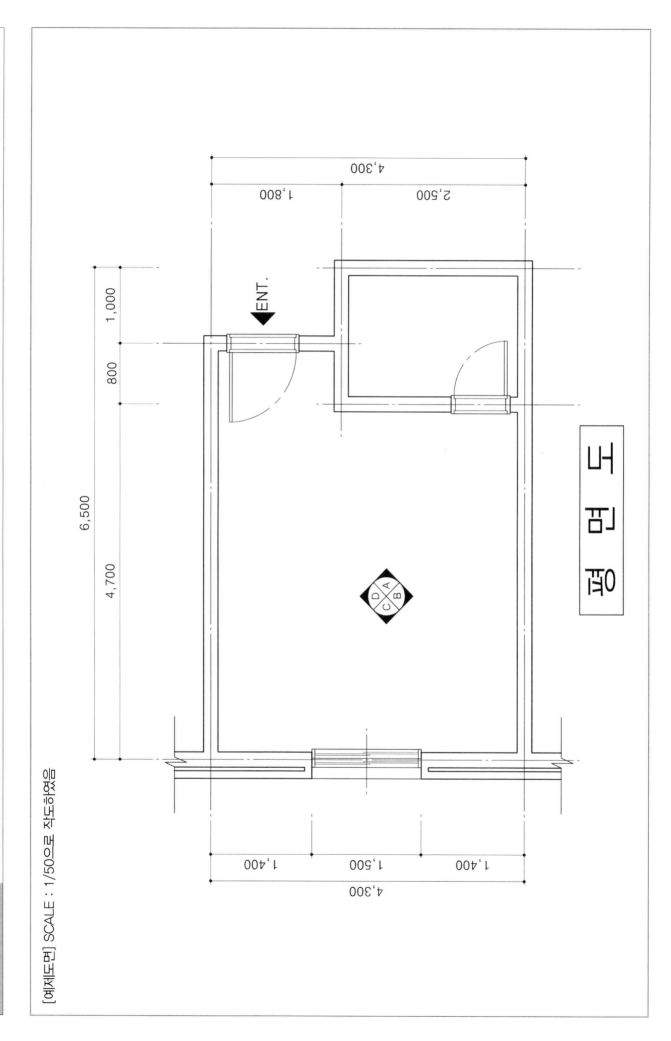

평 면 도

[예제도면] SCALE : 1/50으로 작도하였음

● **평면도** [예제도면] SCALE : 1/50으로 작도하였음

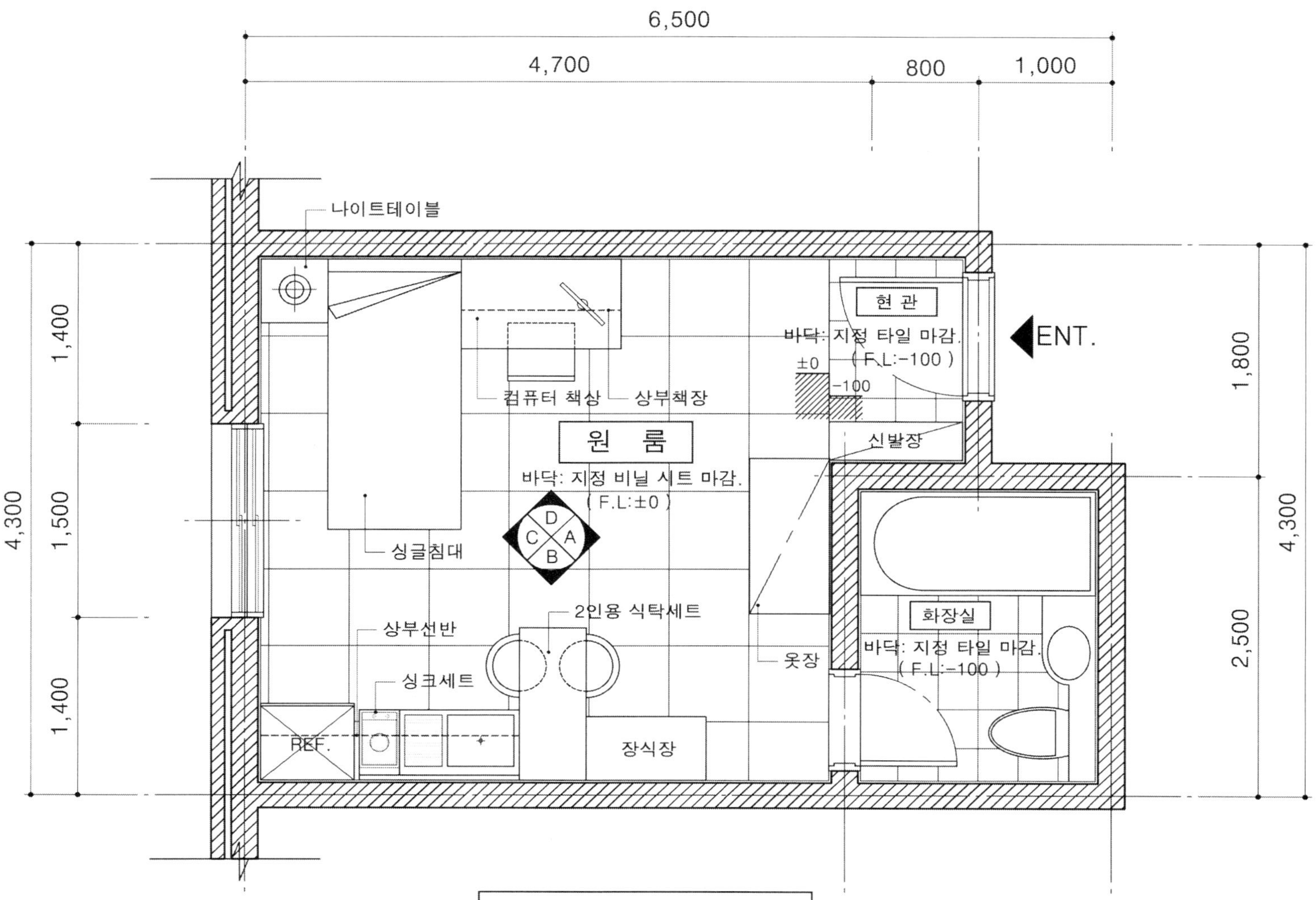

평 면 도

SCALE : 1/30

❷ 천장도 [예제도면] SCALE : 1/50으로 작도하였음

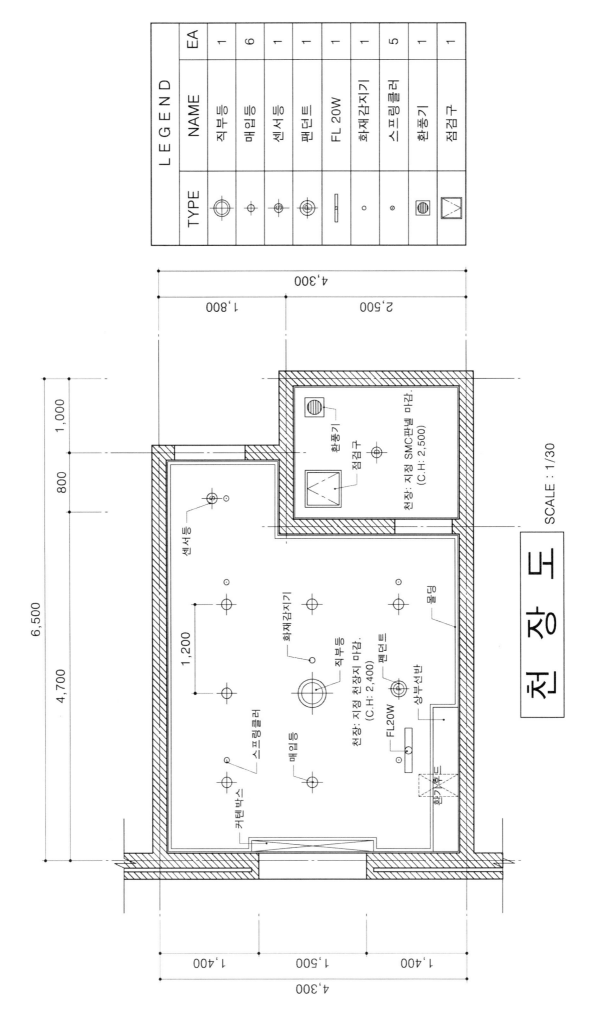

L E G E N D		
TYPE	NAME	EA
⊕	직부등	1
✛	매입등	6
⊕	센서등	1
⊕	팬던트	1
▭	FL 20W	1
○	화재감지기	1
○	스프링클러	5
▦	환풍기	1
⊠	점검구	1

천장: 지정 SMC판넬 마감. (C.H: 2,500)

환풍기
점검구

센서등
스프링클러
화재감지기
매입등
직부등
천장: 지정 천장지 마감. (C.H: 2,400)
FL20W
팬던트
상부선반
몰딩
커텐박스
환기후드

천 장 도 SCALE : 1/30

③ **내부입면도 B** [예제도면] SCALE : 1/50으로 작도하였음

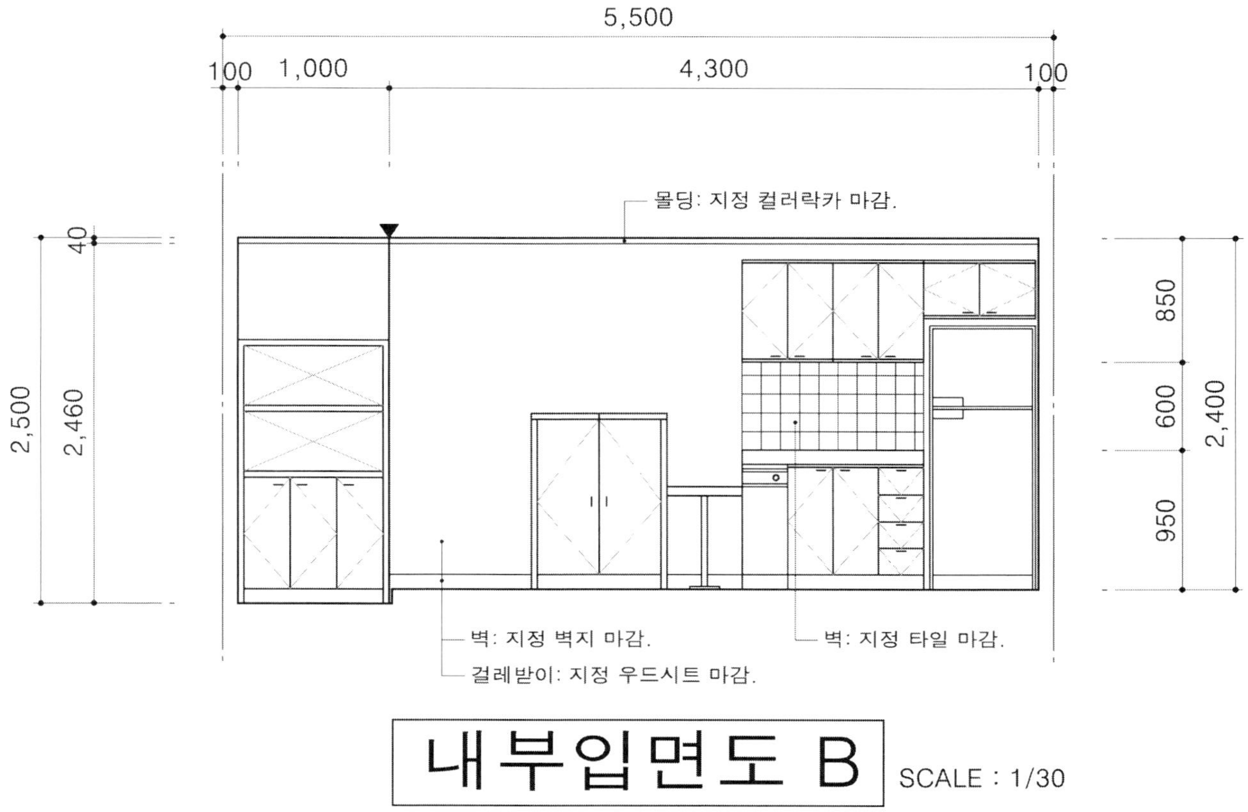

몰딩: 지정 컬러락카 마감.

벽: 지정 타일 마감.

벽: 지정 벽지 마감.

걸레받이: 지정 우드시트 마감.

2,400
850　600　950

100　4,300　5,500　1,000　100

2,500
40　2,460

내부입면도 B SCALE : 1/30

④ 실내투시도-1

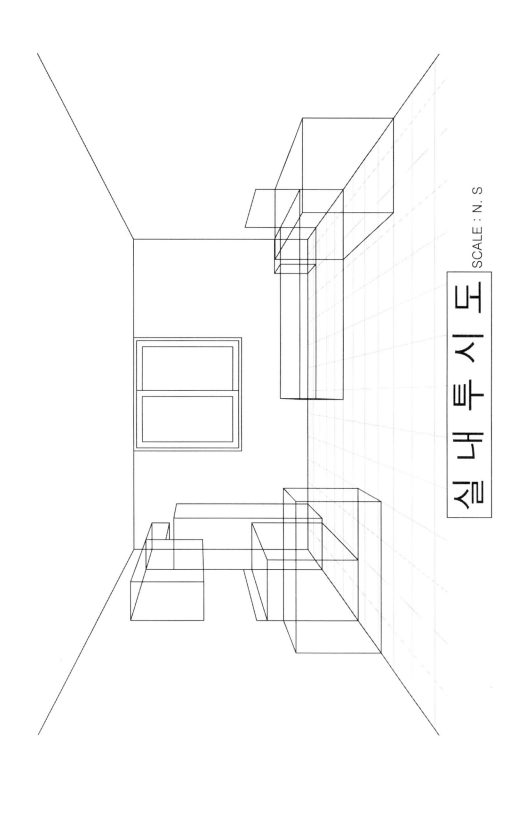

실 내 투 시 도
SCALE : N. S

❺ 실내투시도-2(펜 작업)

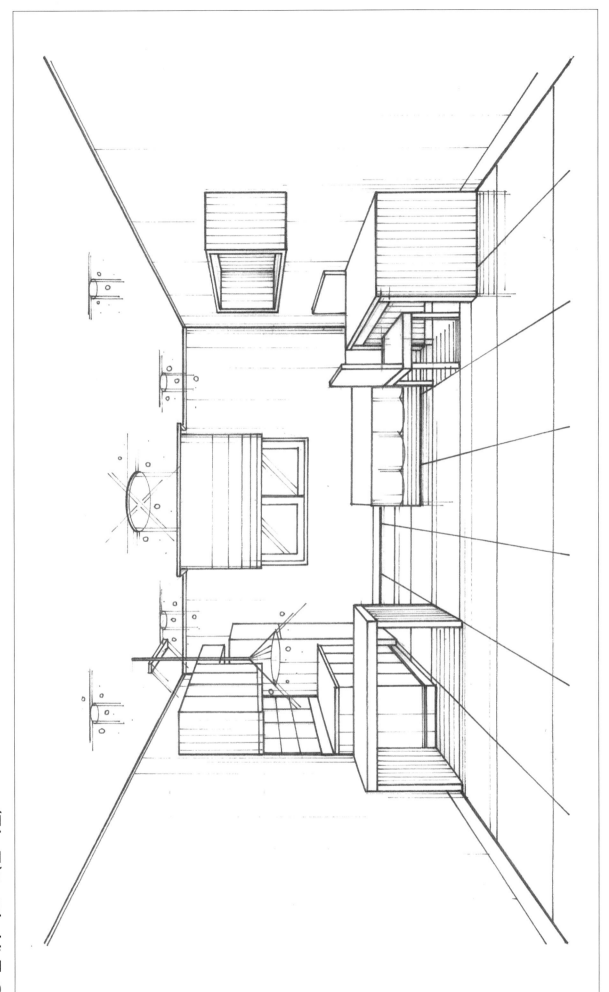

❻ 실내투시도 - 3(펜, 마카 컬러링 작업)

자격종목	작업명	시험시간
실내건축기능사	원룸형 주거공간⑥	5시간 30분

요구조건

1. 설계면적 : 6,800mm × 4,300mm × 2,400mm(H)

2. 구성원 : 40대 독신 여성 1인

3. 벽체 : 외벽 − 1.5B 붉은벽돌 공간쌓기, 내벽 − 1.0B 시멘트벽돌 쌓기, 기타 벽 − 0.5B 시멘트벽돌 쌓기

4. 창호 : 2,400mm × 1,500mm(H), 2중 창호(내부 − 목제, 외부 − 알루미늄)로 한다.

5. 출입문 : [현관] 1,000mm × 2,100mm(H), [화장실] 800mm × 2,000mm(H)

6. 주요 가구 : 싱글침대, 나이트 테이블, 옷장, 컴퓨터 책상, 의자, 책장, TV테이블, 1인용 소파, 신발장, 장식장, 주방시설(싱크대세트), 식탁세트

   (그 외 가구는 실의 기능에 맞게 수검자가 임의로 넣을 수 있다.)

요구도면

1. 평면도(가구 배치 및 바닥마감재 표시) SCALE : 1/30

2. 천장도(조명기구 배치 및 설비, 마감재 표시) SCALE : 1/30

3. 내부입면도 D(벽면마감재 표시) SCALE : 1/30

4. 실내투시도(제세착임 필수) SCALE : N.S

   (수검자가 좋은 지점으로 지정하여 1소점 투시도 또는 2소점 투시도로 작성하되, 투시보조선을 남길 것)

* 첫 번째 장에는 평면도, 두 번째 장에는 천장도, 내부입면도, 세 번째 장에는 실내투시도 작성
* 문제지는 시험 종료 후 본인이 가져갈 수 없습니다.

[예제도면] SCALE : 1/50으로 작도하였음

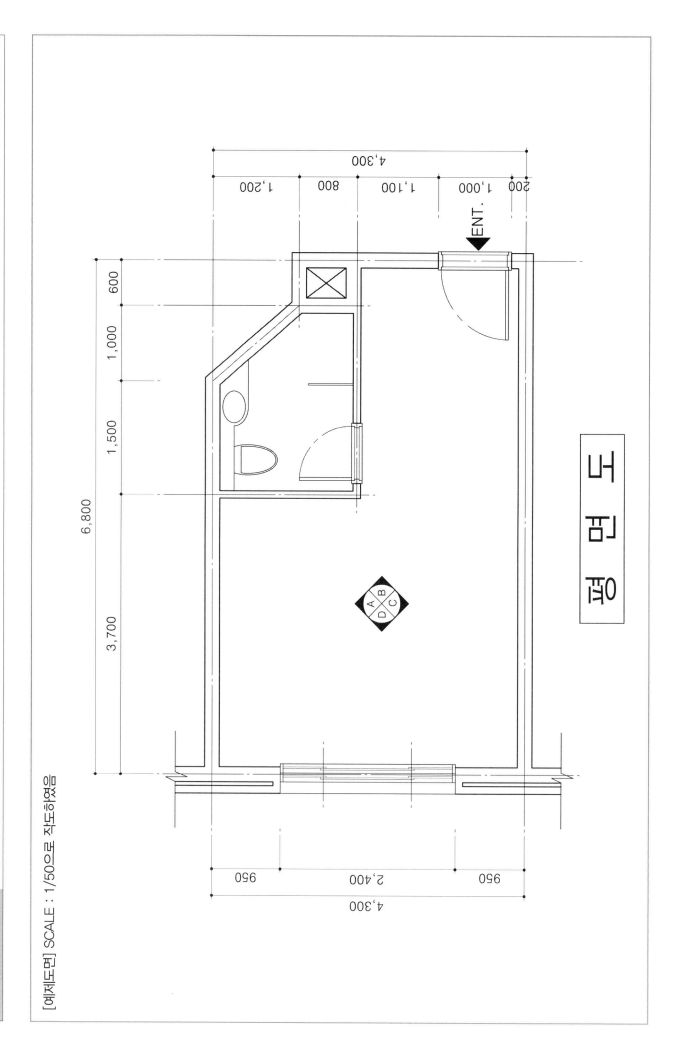

평 면 도

① **평면도** [예제도면] SCALE : 1/50으로 작도하였음

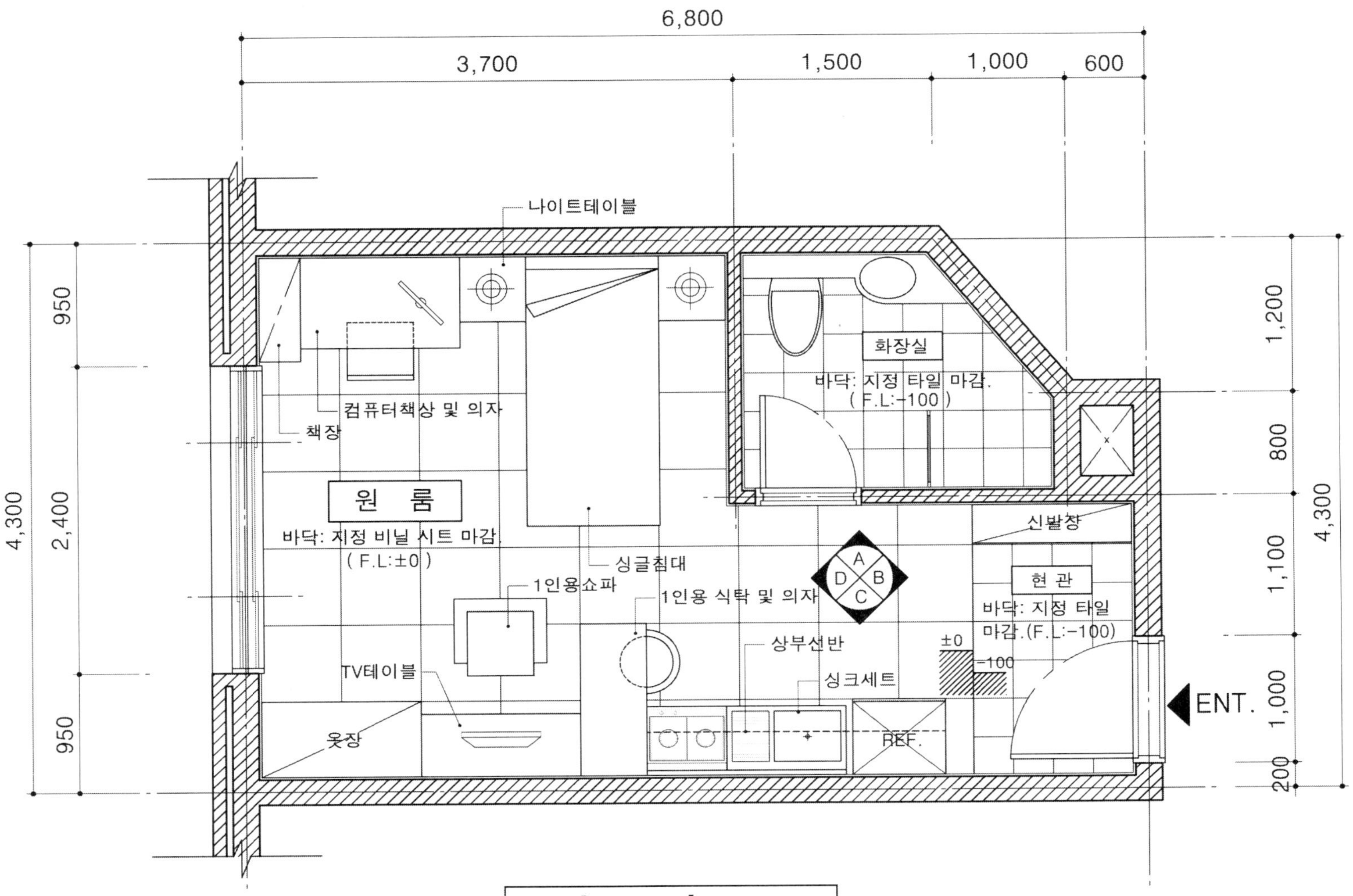

평 면 도

SCALE : 1/30

4,300

1,200　800　1,100　1,000　200

600　1,000　1,500

6,800

3,700

950　2,400　950

4,300

ENT.

시발장

현관

바닥 : 지정 타일
마감 (F.L:-100)
±0
-100

화장실

바닥 : 지정 타일 마감
(F.L:-100)

A B D C

싱크세트

상부선반

1인용 식탁 및 의자

REF.

나이트테이블

싱글침대

1인용소파

원 룸

바닥 : 지정 비닐 시트 마감
(F.L:±0)

컴퓨터책상 및 의자

책장

TV테이블

옷장

② 천장도 [예제도면] SCALE : 1/50으로 작도하였음

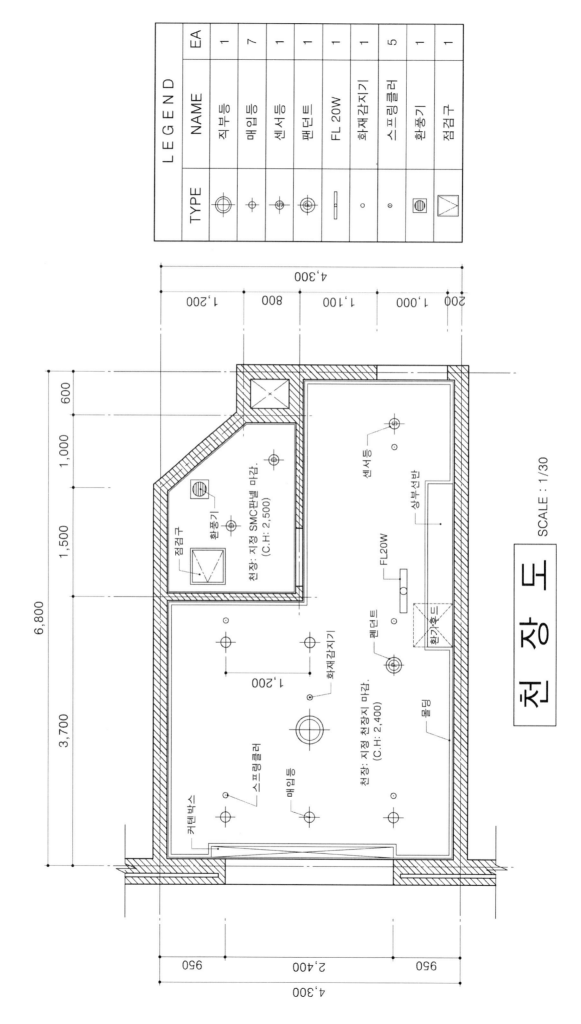

천 장 도 SCALE : 1/30

❸ 내부입면도 D [예제도면] SCALE : 1/50으로 작도하였음

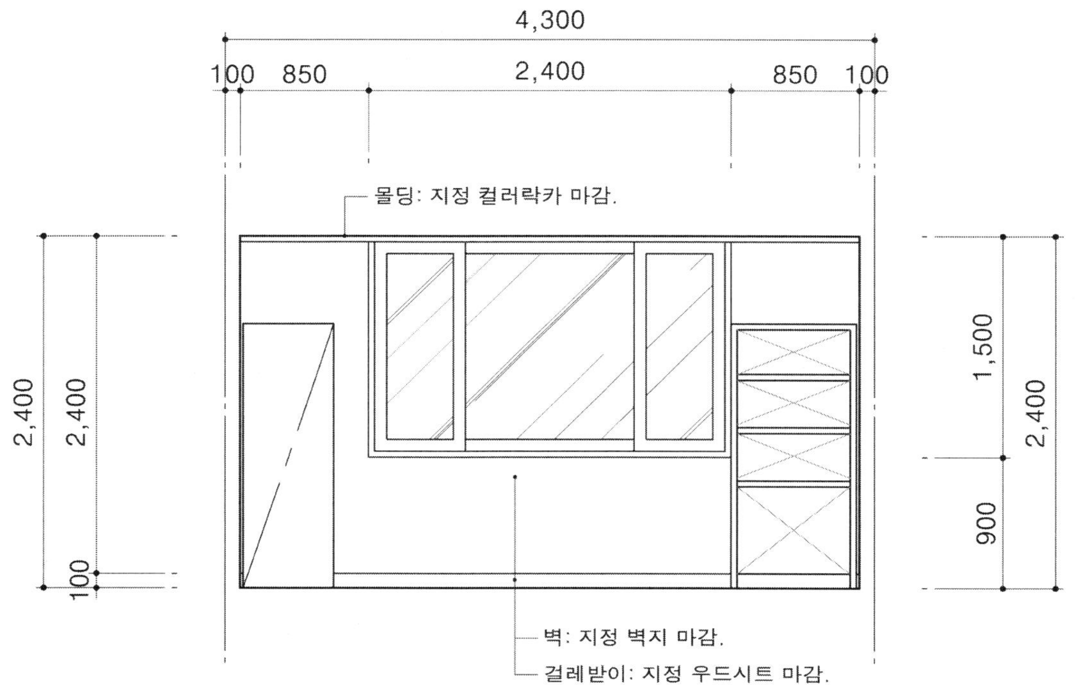

내부입면도 D SCALE : 1/30

2,400
1,500 · 900

100 · 850 · 100
4,300
2,400
850 · 100

100 · 2,400
2,400

몰딩 : 지정 컬러락카 마감.
벽 : 지정 벽지 마감.
걸레받이 : 지정 우드시트 마감.

④ 실내투시도-1

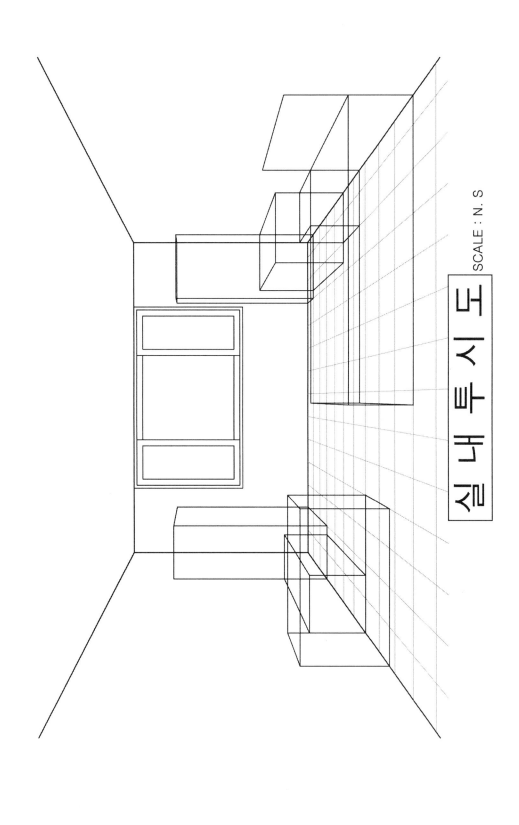

실 내 투 시 도

SCALE : N. S

❺ 실내투시도-2(펜 작업)

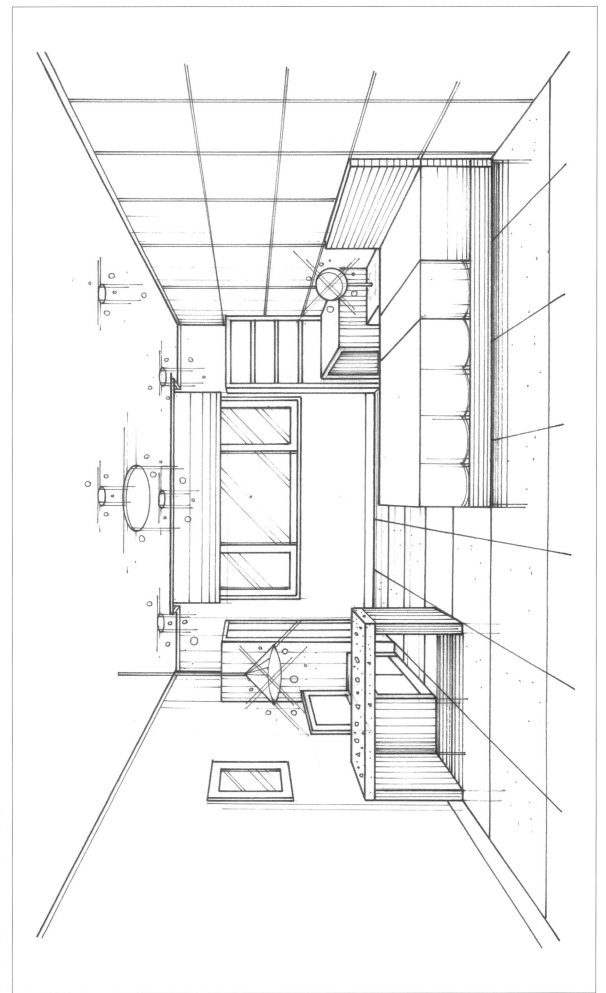

⑥ 실내투시도−3(펜, 마카 컬러링 작업)

자 격 종 목	작 업 명	시 험 시 간
실내건축기능사	원룸형 주거공간⑦	5시간 30분

요 구 조 건

1. 설계면적 : 6,800mm × 4,300mm × 2,400mm(H)

2. 구성원 : 30대 전문직 종사자 1인

3. 벽체 : 외벽 − 1.5B 붉은벽돌 공간쌓기, 내벽 − 1.0B 시멘트벽돌 쌓기, 기타 벽 − 0.5B 시멘트벽돌 쌓기]

4. 창호 : 1,500mm × 1,500mm(H), 2중 창호(내부 − 목제, 외부 − 알루미늄)로 한다.

5. 출입문 : [현관] 1,000mm × 2,100mm(H), [화장실] 800mm × 2,000mm(H)

6. 주요 가구 : 싱글침대, 서랍장, 옷장, 컴퓨터 책상, 의자, 책장, TV 테이블, 1인용 소파, 신발장, 주방시설(싱크대세트), 식탁세트

　(그 외 가구는 실의 기능에 맞게 수검자가 임의로 넣을 수 있다.)

요 구 도 면

1. 평면도(가구 배치 및 바닥마감재 표시) SCALE : 1/30

2. 천장도(조명기구 배치 및 설비, 마감재 표시) SCALE : 1/30

3. 내부입면도 B(벽면마감재 표시) SCALE : 1/30

4. 실내투시도(채색작업 필수) SCALE : N.S

　(수검자가 좋은 지점으로 지정하여, 1소점 투시도 또는 2소점 투시도로 작성하되, 투시보조선을 남길 것)

* 첫 번째 장에는 평면도, 두 번째 장에는 천장도, 내부입면도, 세 번째 장에는 실내투시도 작성

* 문제지는 시험 종료 후 본인이 가져갈 수 없습니다.

[예제[도면] SCALE : 1/50으로 작도하였음

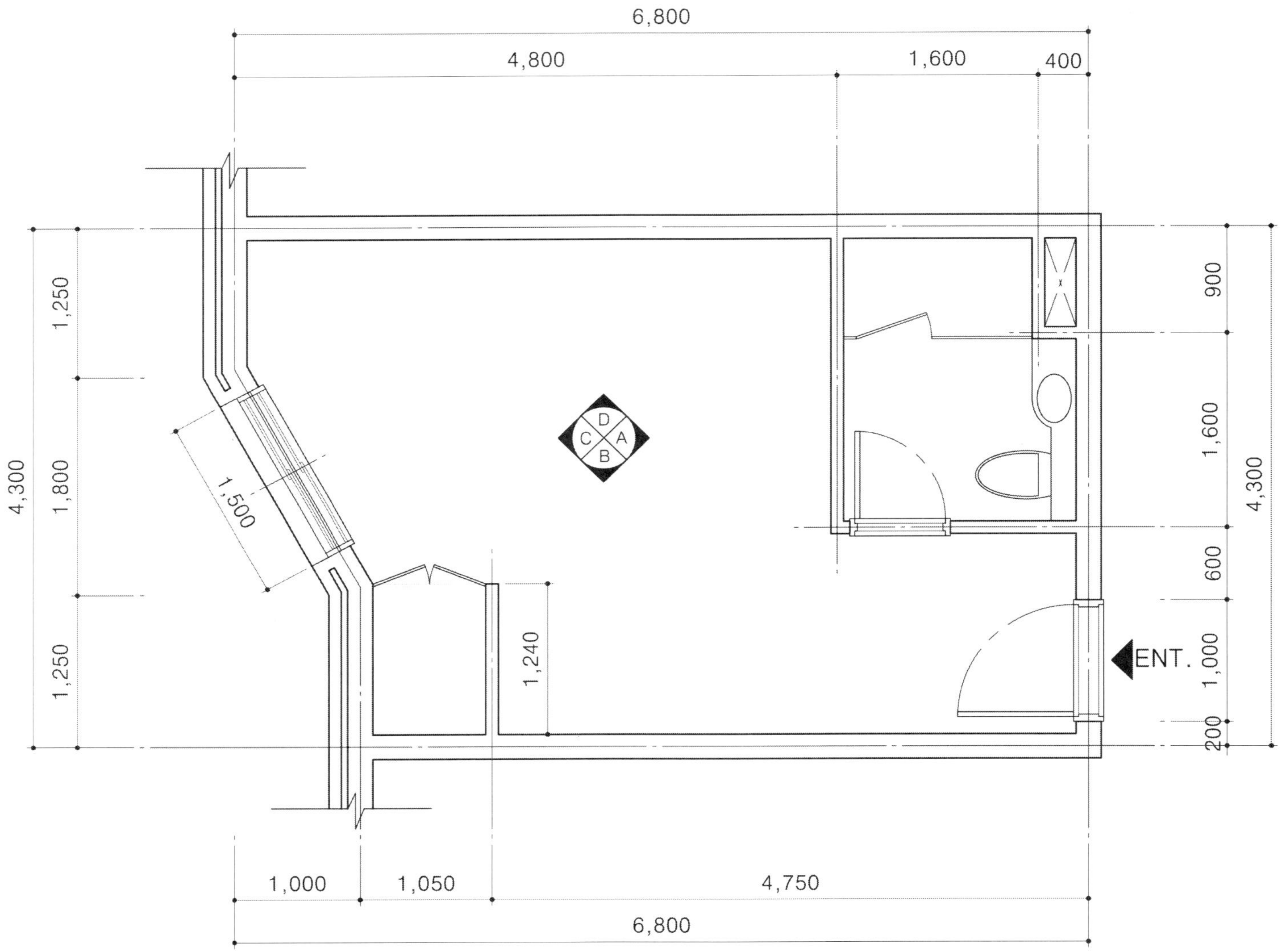

평 면 도

① **평면도** [예제도면] SCALE : 1/50으로 작도하였음

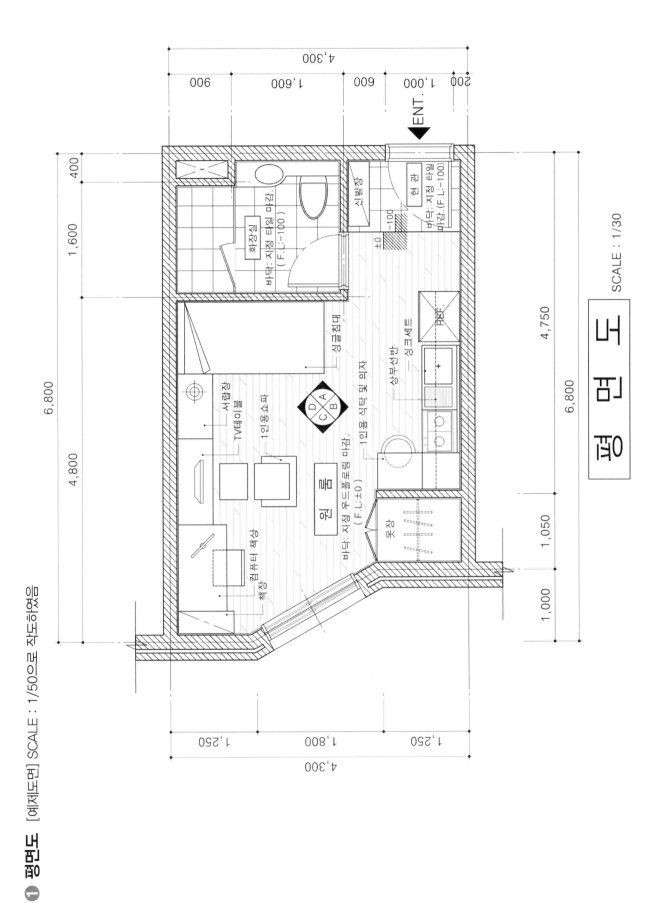

평 면 도 SCALE : 1/30

② 천장도 [예제도면] SCALE : 1/50으로 작도하였음

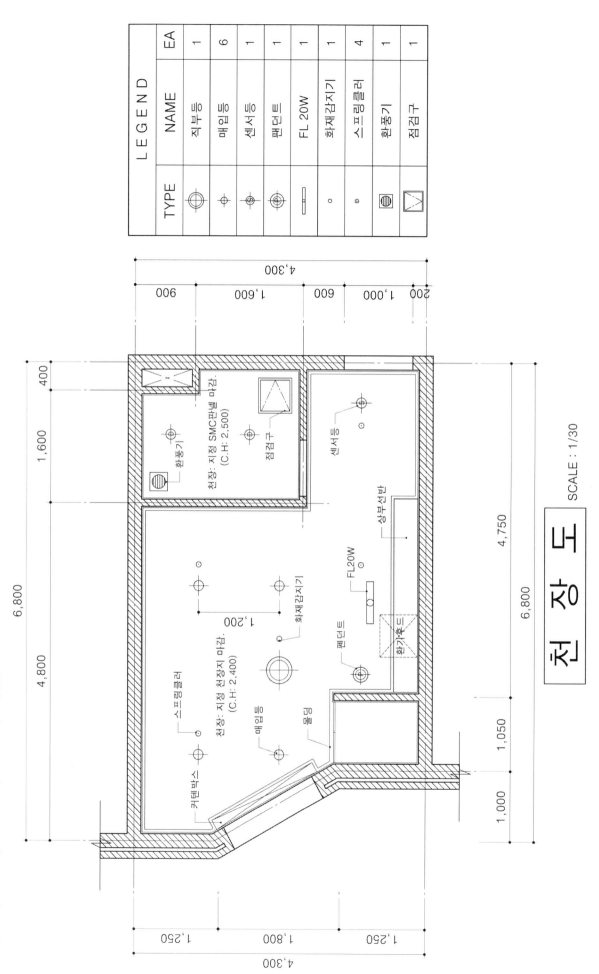

TYPE	NAME	EA
⊕	직부등	1
+	매입등	6
⊕	센서등	1
⊕	펜던트	1
▮	FL 20W	1
∘	화재감지기	1
⊙	스프링클러	4
▤	환풍기	1
⊠	점검구	1

L E G E N D

천 장 도 SCALE : 1/30

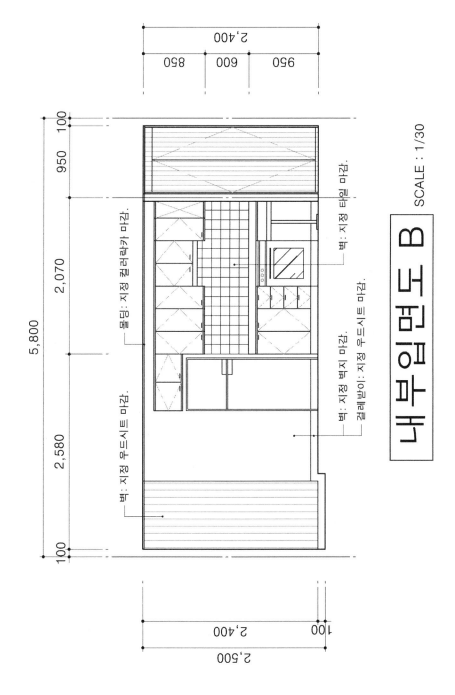

❸ 내부입면도 B [예제도면] SCALE : 1/50으로 작도하였음

내부입면도 B SCALE : 1/30

2,400
950 600 850

5,800
100 950 2,070 2,580 100

2,500
100 2,400

몰딩 : 지정 컬러락카 마감.
벽 : 지정 타일 마감.
벽 : 지정 벽지 마감.
걸레받이 : 지정 우드시트 마감.
벽 : 지정 우드시트 마감.
벽 : 지정 우드시트 마감.

④ 실내투시도−1

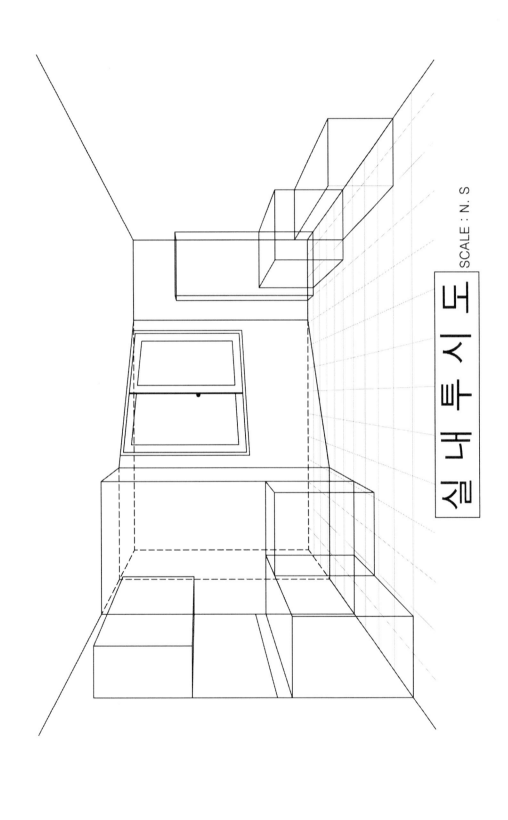

실 내 투 시 도
SCALE : N. S

⑤ 실내투시도-2(펜 작업)

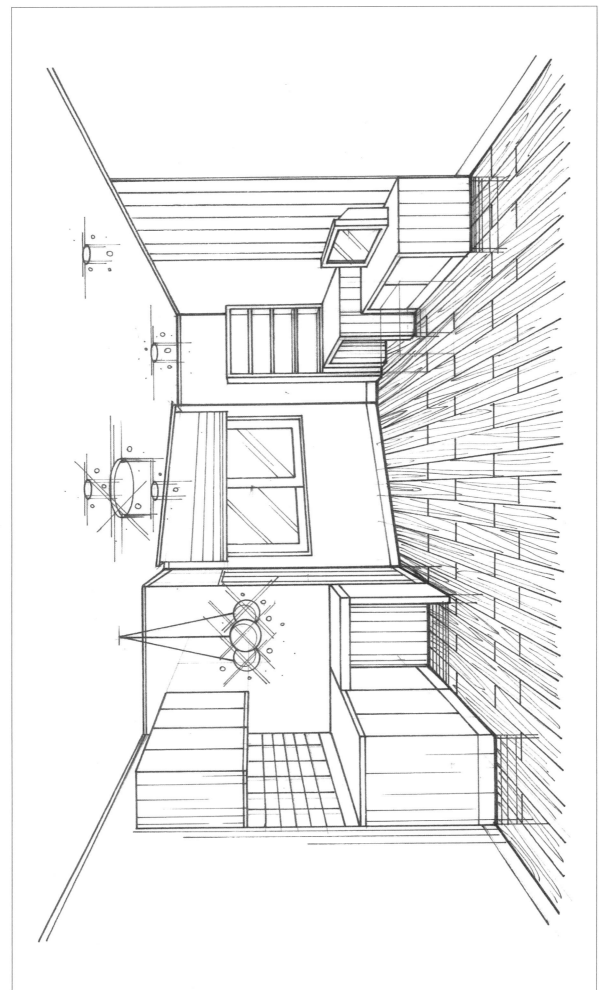

⑥ 실내투시도-3(펜, 마카 컬러링 작업)

자격종목	작업명	시험시간
실내건축기능사	원룸형 주거공간⑧	5시간 30분

요구조건

1. 설계면적 : 7,550mm × 5,000mm × 2,400mm(H)
2. 구성원 : 30대 신혼부부
3. 벽체 : 외・내벽 – 철근콘크리트 옹벽 150mm, 기타 벽은 도면축척 준수
4. 창호 : 1,200mm × 1,500mm(H), 기타 창문 : 1,500mm(H)
5. 출입문 : [현관] 1,000mm × 2,100mm(H), [화장실, 기타] 800mm × 2,000mm(H)
6. 주요가구 : 침대, 서랍장, 옷장, 컴퓨터 책상, 의자, 쇄장, TV테이블, 2인용 소파, 장식장, 신발장, 주방시설(싱크대세트), 2인용 식탁세트
   (그 외 가구는 실의 기능에 맞게 수검자가 임의로 넣을 수 있다.)

요구도면

1. 평면도(가구 배치 및 바닥마감재 표시) SCALE : 1/30
2. 천장도(조명기구 배치 및 설비, 마감재 표시) SCALE : 1/50
3. 내부입면도 A(벽면마감재 표시) SCALE : 1/30
4. 실내투시도(채색작업 필수) SCALE : N.S
   (D에서 B방향으로, 1소점 투시도로 작성하되 투시보조선을 남길 것)

* 첫 번째 장에는 평면도, 두 번째 장에는 천장도, 내부입면도, 세 번째 장에는 실내투시도 작성
* 문제지는 시험 종료 후 본인이 가져갈 수 없습니다.

[예제도면] SCALE : 1/50으로 작도하였음

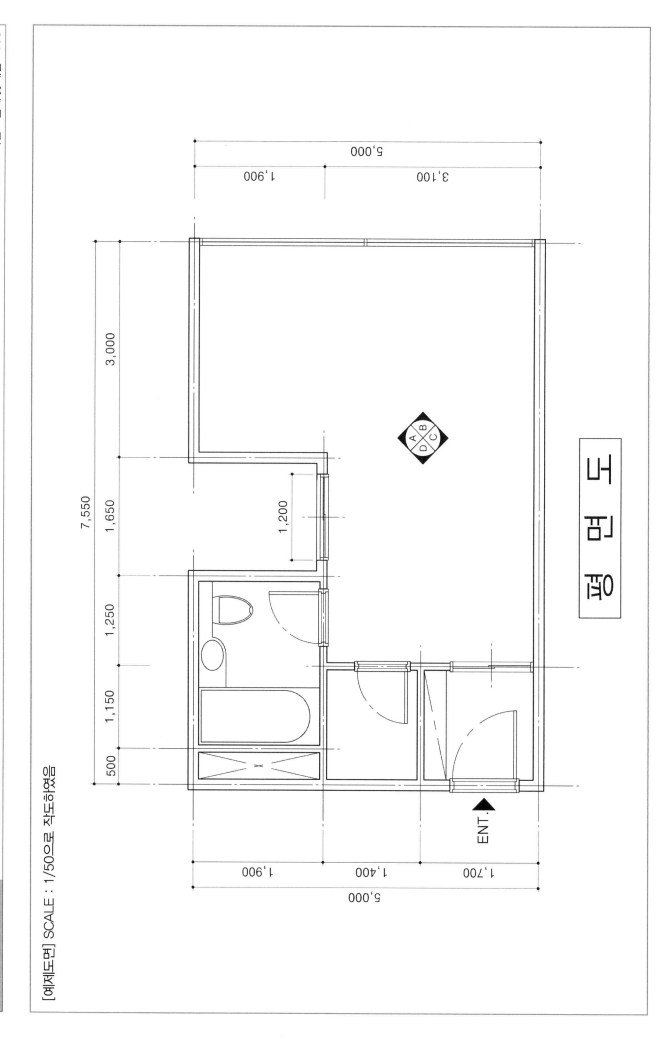

평 면 도

① **평면도** [예제도면] SCALE : 1/50으로 작도하였음

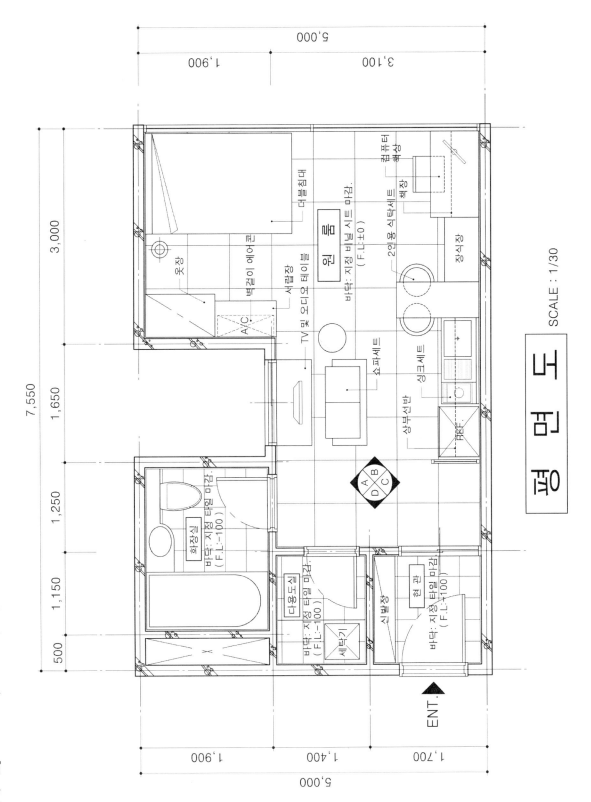

평 면 도 SCALE : 1/30

❷ 천장도 [예제[도면] SCALE : 1/50으로 작도하였음

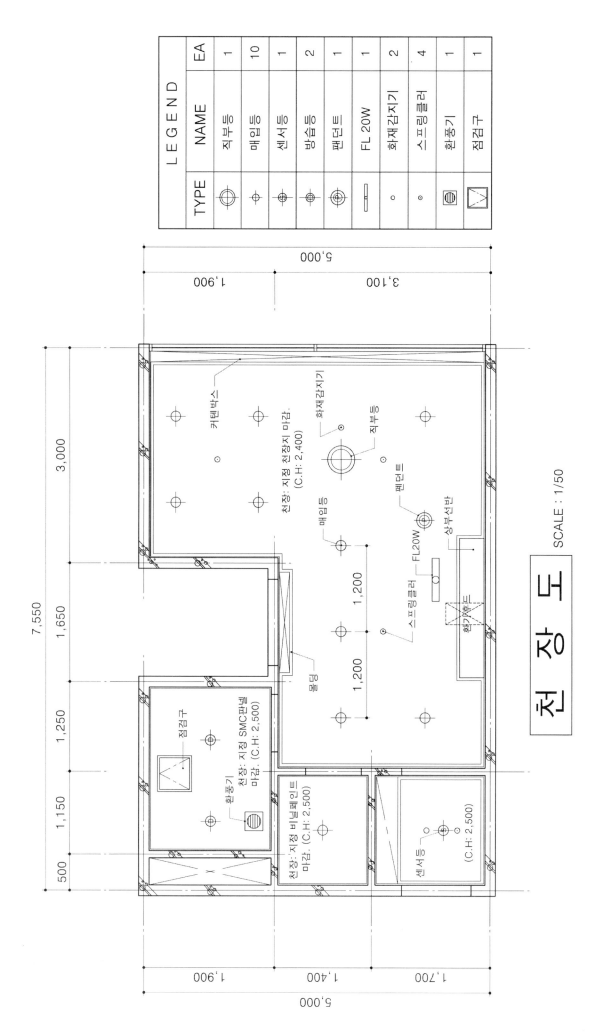

TYPE	NAME	EA
⊕	직부등	1
⊕	매입등	10
⊕	센서등	1
⊕	방습등	2
⊕	펜던트	1
▭	FL 20W	1
○	화재감지기	2
⊙	스프링클러	4
▦	환풍기	1
▨	점검구	1

L E G E N D

천 장 도   SCALE : 1/50

❸ 내부입면도 A [예제도면] SCALE : 1/50으로 작도하였음

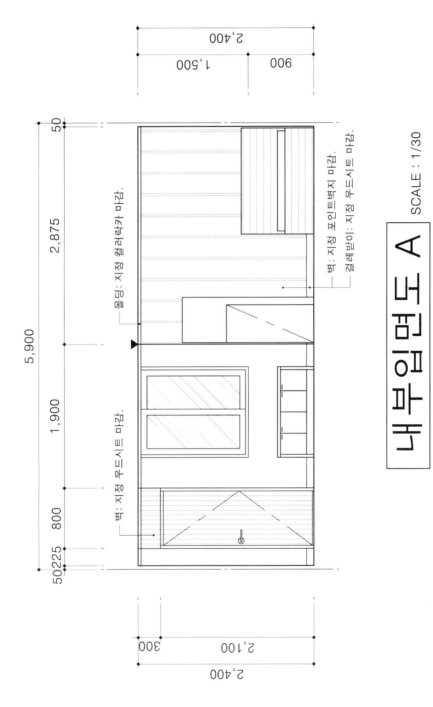

내부입면도 A SCALE : 1/30

❹ 실내투시도-1

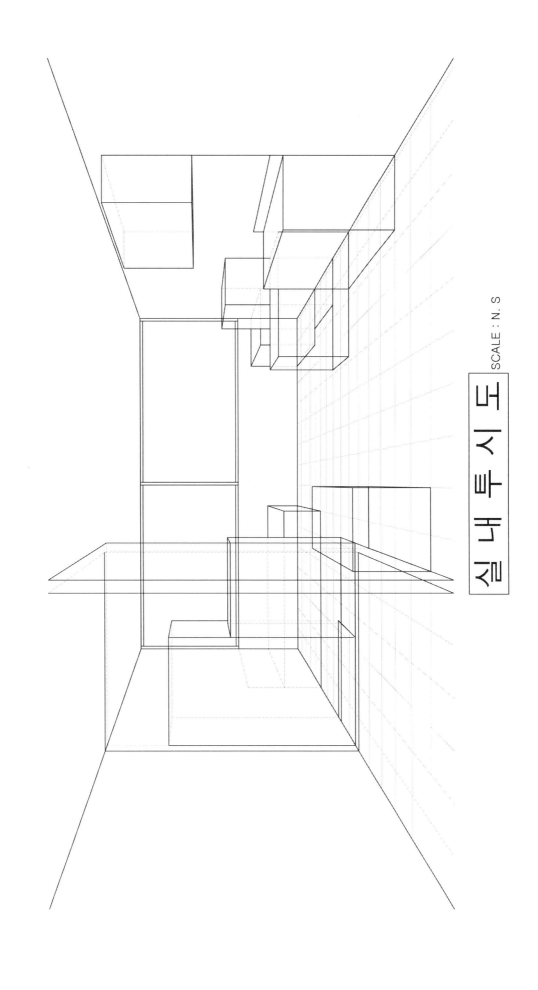

실 내 투 시 도   SCALE : N. S

⑤ 실내투시도-2(펜 작업)

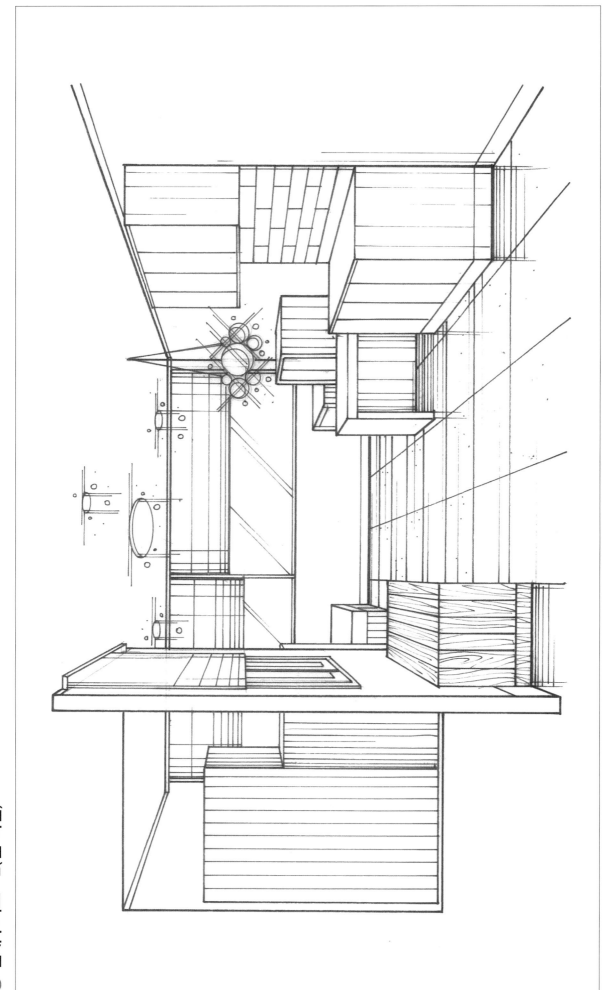

⑥ 실내투시도-3(펜, 마카 컬러링 작업)

자격종목	작업명	시험시간
실내건축기능사	원룸형 주거공간⑨	5시간 30분

요구조건

1. 설계면적 : 7,600mm × 5,400mm × 2,600mm(H)

2. 구성원 : 전문직 종사자 2인

3. 벽체 : 외·내벽 – 철근콘크리트 옹벽 150mm, 기타 벽은 도면축척 준수

4. 창호 : 1,500mm(H)

5. 출입문 : [현관] 1,000mm × 2,100mm(H), [화장실] 800mm × 2,000mm(H)

6. 주요가구 : 트윈침대, 나이트 테이블, 서랍장, 옷장, 컴퓨터 책상, 의자, 책장, TV 및 오디오 테이블, 2인용 소파세트, 장식장, 에어컨, 신발장, 주방시설(싱크대세트), 2인용 식
   탁세트

   (그 외 가구는 실의 기능에 맞게 수검자가 임의로 넣을 수 있다.)

요구도면

1. 평면도(가구 배치 및 바닥마감재 표시) SCALE : 1/30

2. 천정도(조명기구 배치 및 설비, 마감재 표시) SCALE : 1/50

3. 내부입면도 B(벽면마감재 표시) SCALE : 1/30

4. 실내투시도(채색작업 필수) SCALE : N.S

   (A에서 C방향으로, 1소점 투시도로 작성하되 투시보조선을 남길 것)

* 첫 번째 장에는 평면도, 두 번째 장에는 천장도, 내부입면도, 세 번째 장에는 실내투시도 작성

* 문제지는 시험 종료 후 본인이 가져갈 수 없습니다.

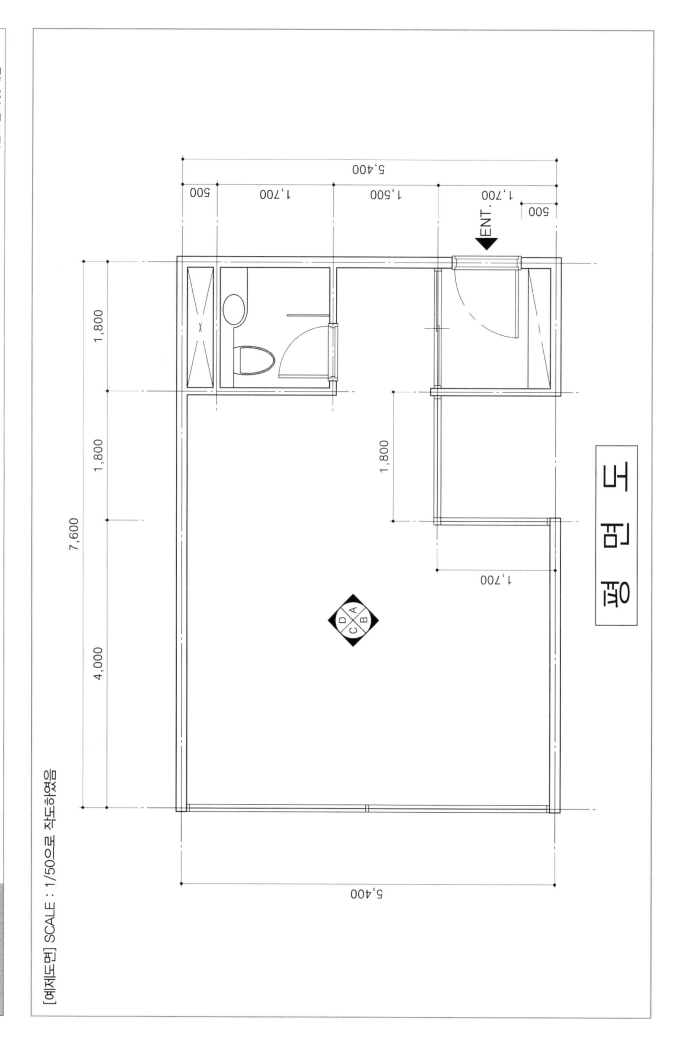

[예제도면] SCALE : 1/50으로 작도하였음

평 면 도

❶ **평면도** [예제도면] SCALE : 1/50으로 작도하였음

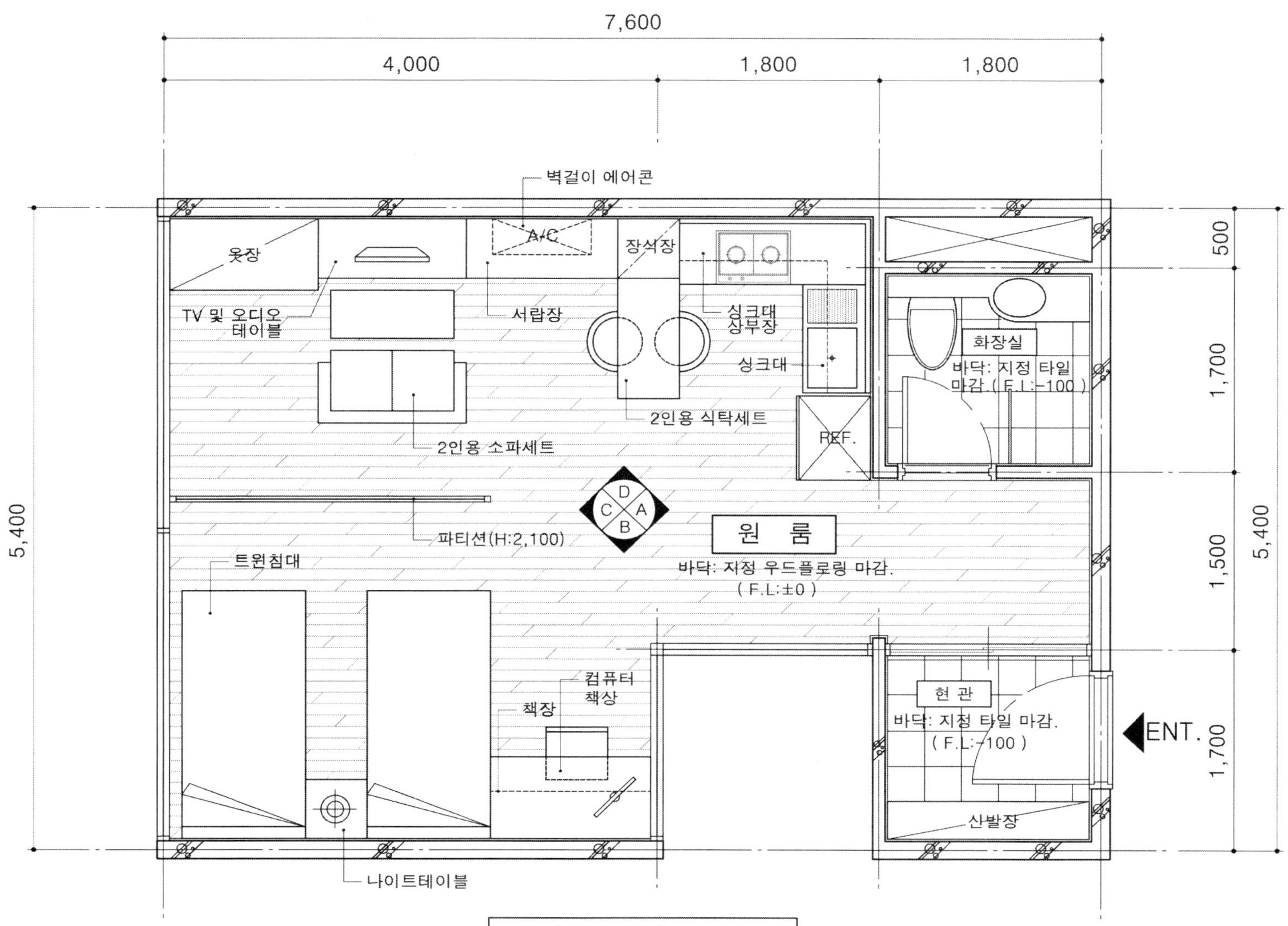

평 면 도

SCALE : 1/30

원 룸
바닥 : 지정 우드 플로링 마감.
(F.L.±0)

현 관
바닥 : 지정 타일 마감.
(F.L.-100)

화장실
바닥 : 지정 타일
마감.(F.L.-100)

ENT.

5,400
1,700
1,500
1,700
500
1,700
1,800
1,800
4,000
7,600
5,400

벽걸이 에어콘
A+C
옷장
서랍장
장식장
싱크대 상부장
싱크대
REF.
2인용 식탁세트
2인용 소파세트
파티션(H:2,100)
TV 및 오디오 테이블
2인용 소파세트
트윈침대
나이트테이블
컴퓨터 책상
책장
신발장

❷ 천장도 [예제[도면] SCALE : 1/50으로 작도하였음

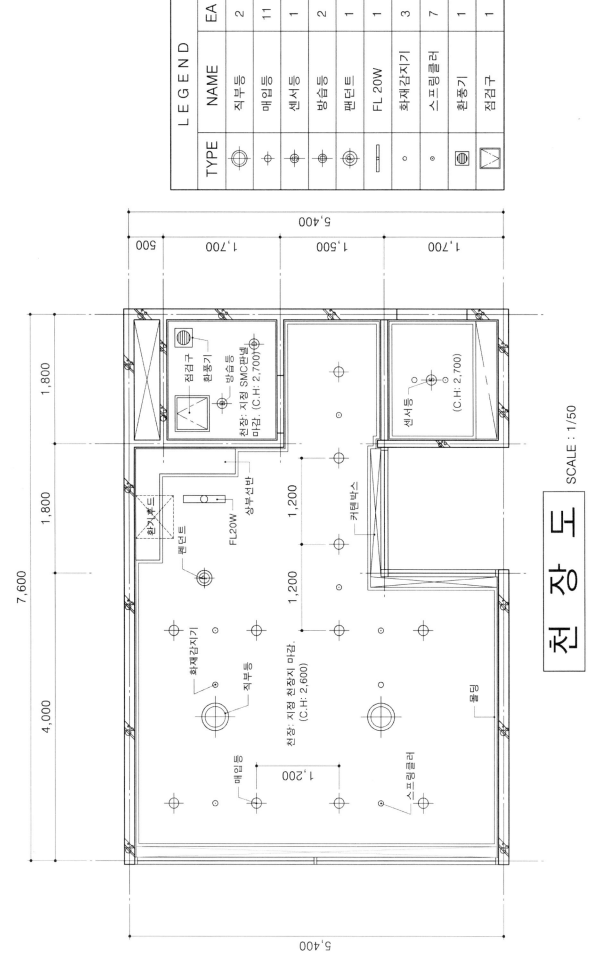

천 장 도   SCALE : 1/50

TYPE	L E G E N D	
	NAME	EA
⊕	직부등	2
✛	매입등	11
⊕	센서등	1
⊕	방습등	2
⊕	펜던트	1
▯	FL 20W	1
◦	화재감지기	3
◦	스프링클러	7
⊞	환풍기	1
⊠	점검구	1

③ **내부입면도 B** [예제도면] SCALE : 1/50으로 작도하였음

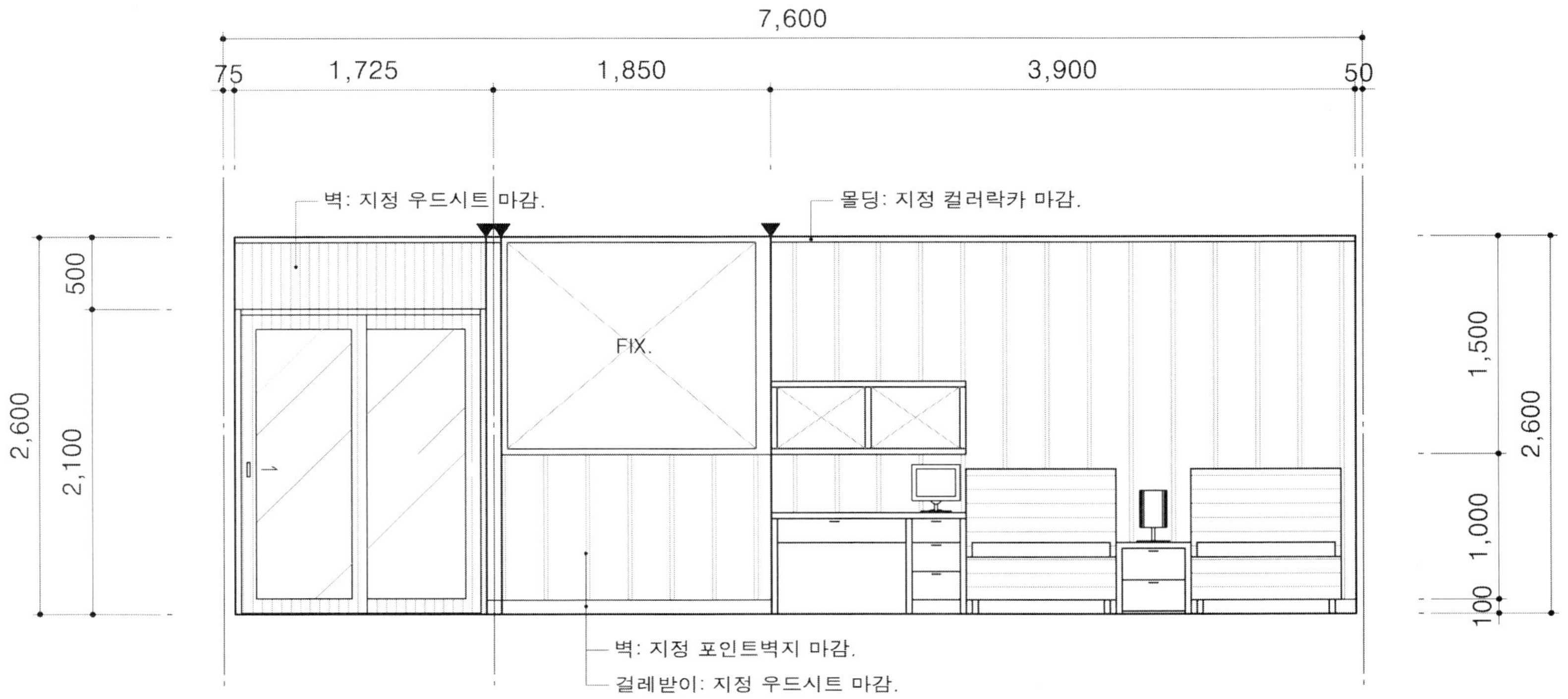

내부입면도 B SCALE : 1/30

몰딩: 지정 컬러덕카 마감.

벽: 지정 포인트벽지 마감.

걸레받이: 지정 우드시트 마감.

벽: 지정 우드시트 마감.

FIX.

2,600
1,500 1,000 100

7,600
50 3,900 1,850 1,725 75

2,600
500 2,100

❹ 실내투시도-1

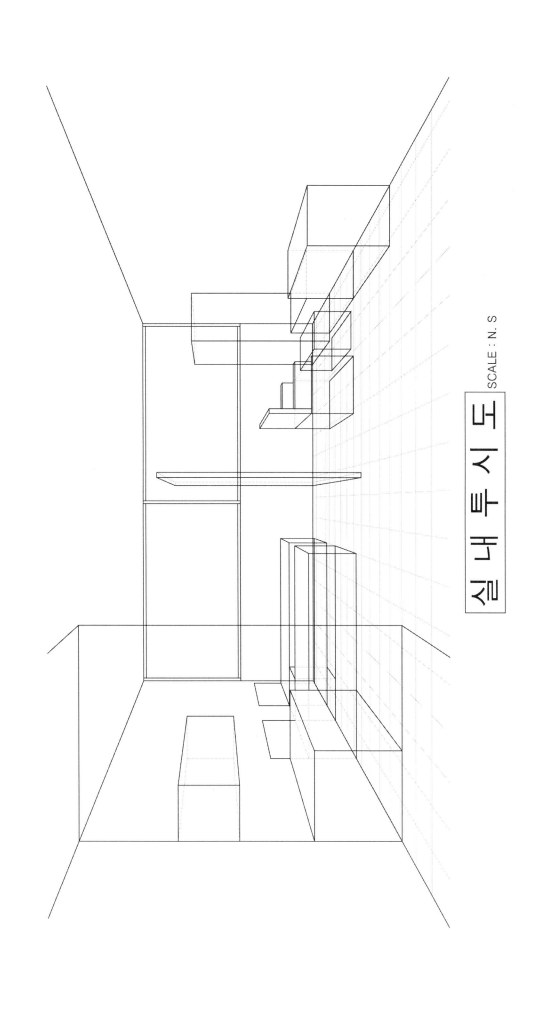

실 내 투 시 도
SCALE : N. S

⑤ 실내투시도-2(펜 작업)

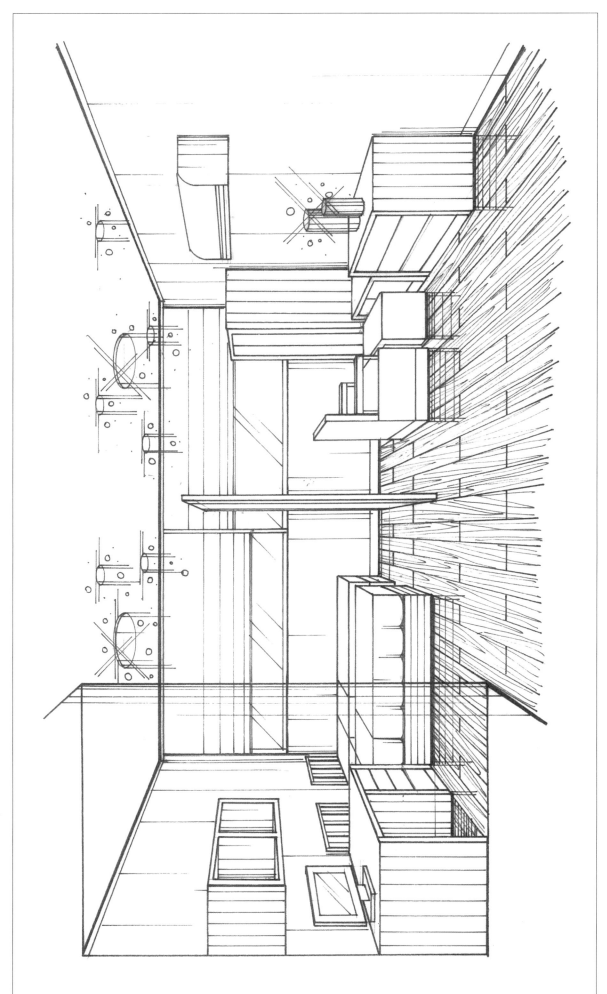

❻ 실내투시도 −3(펜, 마카 컬러링 작업)

자 격 종 목	작 업 명	시 험 시 간
실내건축기능사	원룸형 주거공간⑩	5시간 30분

요구조건

1. 설계면적 : 6,800mm × 5,000mm × 2,500mm(H)

2. 구성원 : 회사원 1인

3. 벽체 : 외・내벽 – 철근콘크리트 옹벽 150mm, 기타 벽은 도면축척 준수

4. 창호 : 3,000mm × 1,500mm(H)

5. 출입문 : [현관] 1,000mm × 2,100mm(H), [기타-문] 700mm × 2,000mm(H)

6. 주요가구 : 침대, 나이트 테이블, 서랍장, 옷장, 컴퓨터 책상, 의자, 책장, TV 및 오디오 테이블, 소파세트, 장식장, 에어컨, 신발장, 주방시설(싱크대세트), 2인용 식탁세트
   (그 외 가구는 실의 기능에 맞게 수검자가 임의로 넣을 수 있다.)

요구도면

1. 평면도(가구 배치 및 바닥 마감재 표시) SCALE : 1/30

2. 천장도(조명기구 배치 및 설비, 마감재 표시) SCALE : 1/50

3. 내부입면도 B(벽면 마감재 표시) SCALE : 1/30

4. 실내투시도(채색작업 필수) SCALE : N.S
   (A에서 C방향으로, 1소점 투시도로 작성하되 투시보조선을 남길 것)

* 첫 번째 장에는 평면도, 두 번째 장에는 천장도, 내부입면도, 세 번째 장에는 실내투시도 작성
* 문제지는 시험 종료 후 본인이 가져갈 수 없습니다.

[예제도면] SCALE : 1/50으로 작도하였음

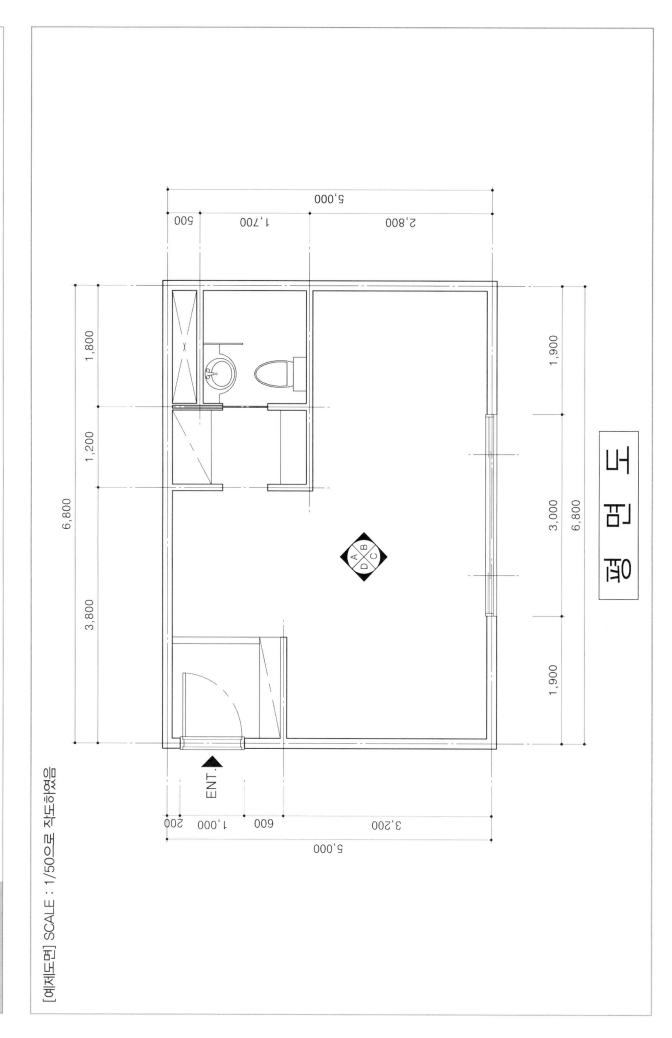

평 면 도

① **평면도** [예제도면] SCALE : 1/50으로 자도하였음

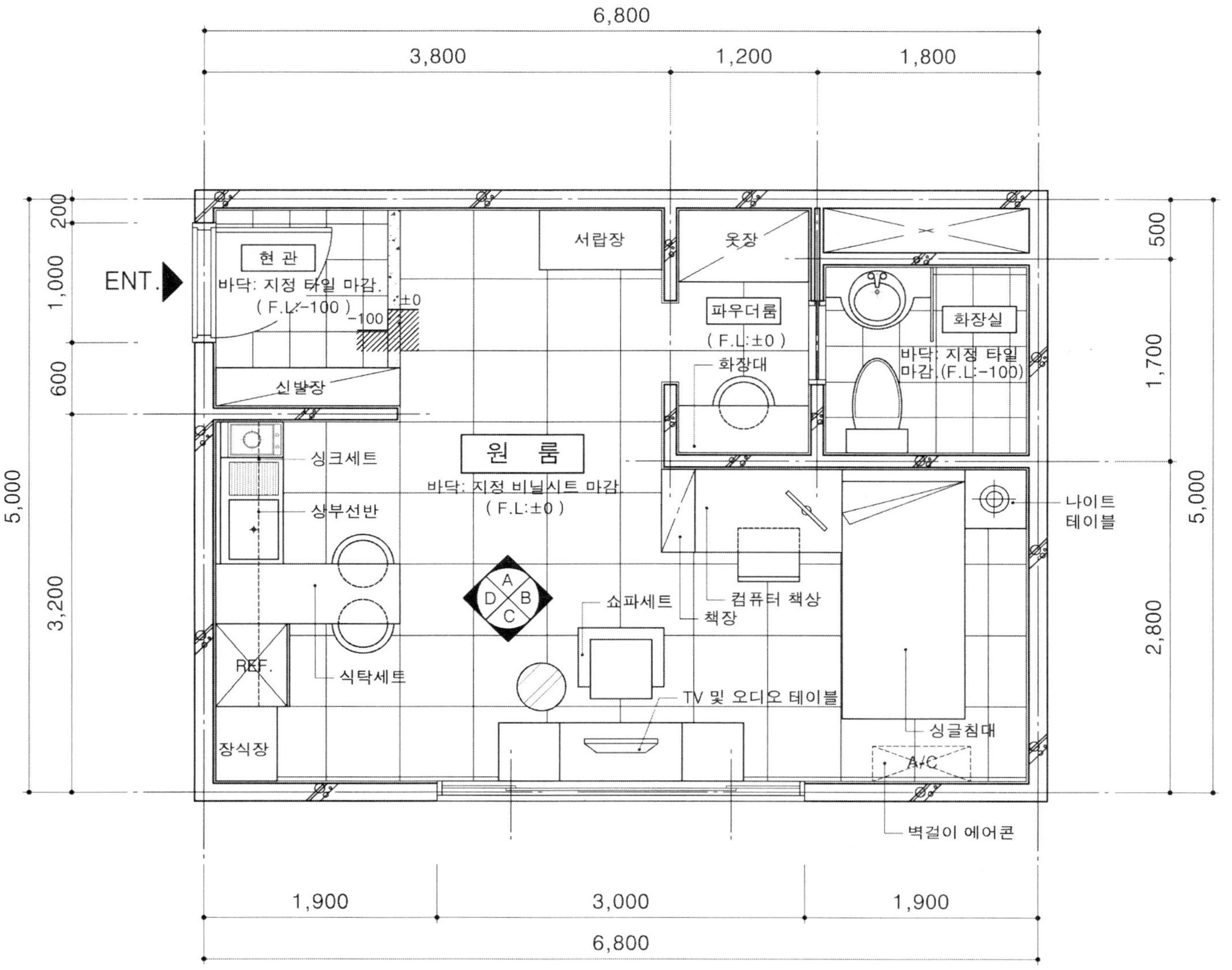

SCALE : 1/30

평 면 도

5,000

500   1,700   2,800

6,800

1,800   1,200   3,800

1,900   3,000   1,900

6,800

화장실

바닥: 지정 타일 마감(F.L-100)

욕장

파우더룸
(F.L:±0)
화장대

서랍장

원룸
바닥: 지정 비닐시트 마감
(F.L:±0)

나이트 테이블

싱글침대

A+C

벽걸이 에어콘

컴퓨터 책상
책장

TV 및 오디오 테이블

쇼파세트

A B
D C

싱크세트
상부선반
식탁세트

현관
바닥: 지정 타일 마감.
(F.L-100)

±0

신발장

REF.

장식장

ENT.

200 1,000 600   3,200

5,000

❷ 천장도 [예제도면] SCALE : 1/50으로 작도하였음

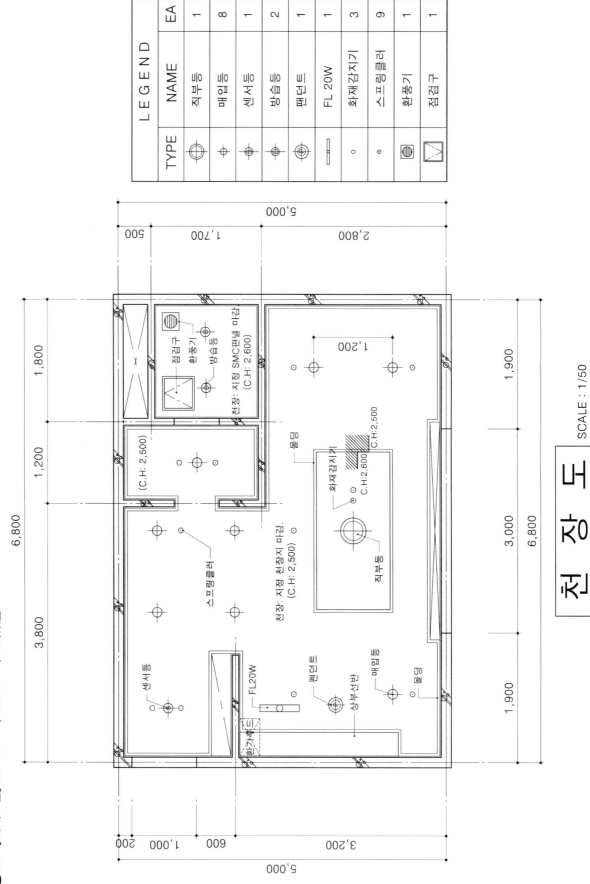

	L E G E N D	
TYPE	NAME	EA
⊕	직부등	1
⊕	매입등	8
⊕	센서등	1
⊕	방습등	2
⊕	펜던트	1
▯	FL 20W	1
○	화재감지기	3
○	스프링클러	9
◫	환풍기	1
◩	점검구	1

천 장 도

SCALE : 1/50

❸ **내부입면도 B** [예제도면] SCALE : 1/50으로 작도하였음

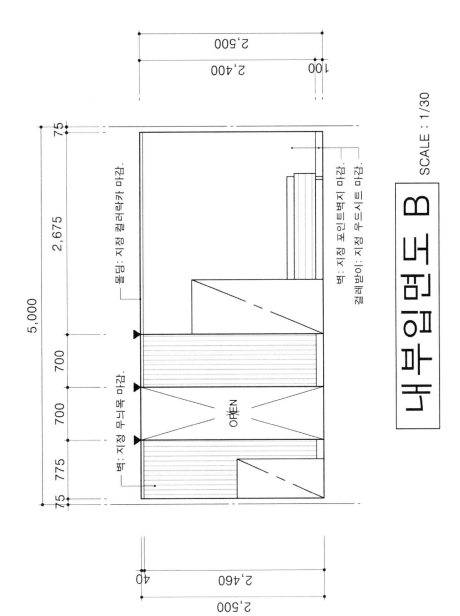

내부입면도 B SCALE : 1/30

❹ 실내투시도-1

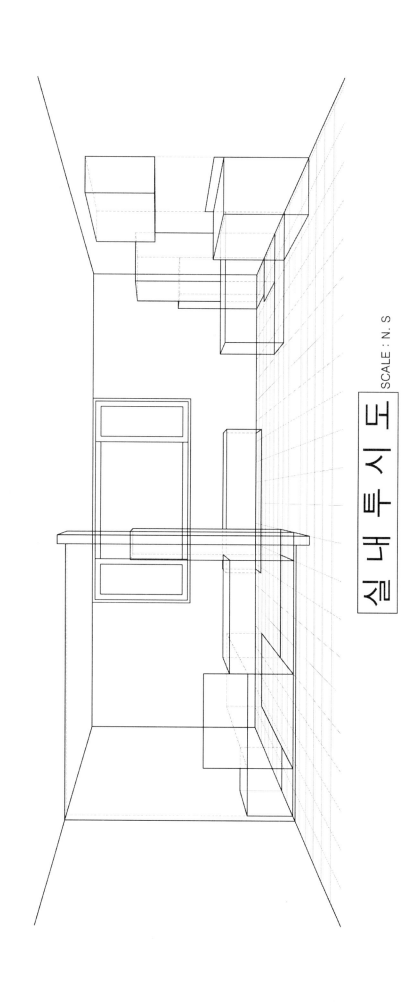

실내투시도
SCALE : N. S

⑤ 실내투시도-2(펜 작업)

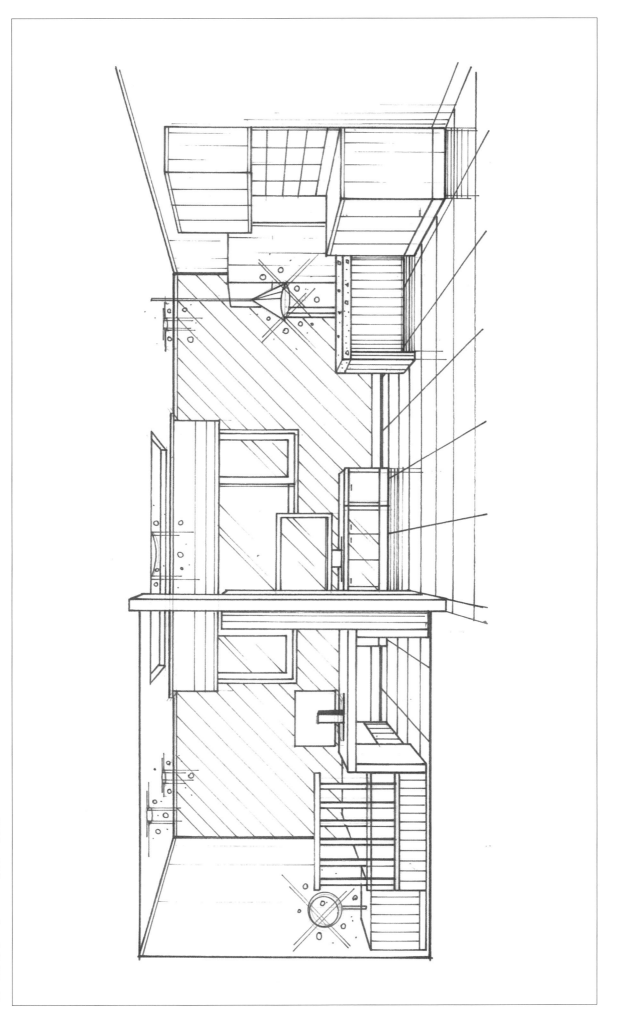

⑥ 실내투시도-3(펜, 마카 컬러링 작업)

자격종목	작업명	시험시간
실내건축기능사	원룸형 주거공간①	5시간 30분

요구조건

1. 설계면적 : 6,200mm × 5,800mm × 2,400mm(H)
2. 구성원 : 30대 전문직 종사자 1인
3. 벽체 : 외벽 −1.0B 붉은벽돌 쌓기, 내벽 −0.5B 시멘트벽돌 쌓기, 기타 벽은 도면축적 준수
4. 창호 : 1,500mm(H)
5. 출입문 : [현관] 1,000mm × 2,100mm(H), [화장실, 기타] 800mm × 2,000mm(H)
6. 주요 가구 : 침대, 나이트 테이블, 서랍장, 옷장, 책장, 컴퓨터 책상, 의자, 냉장고, TV 및 오디오 테이블, 소파세트, 에어컨, 신발장, 주방시설(싱크대세트), 식탁세트
　　(그 외 가구는 실의 기능에 맞게 수검자가 임의로 넣을 수 있다.)

요구도면

1. 평면도(가구 배치 및 바닥마감재 표시) SCALE : 1/30
2. 천장도(조명기구배치 및 설비, 마감재 표시) SCALE : 1/50
3. 내부입면도 D(벽면마감재 표시) SCALE : 1/30
4. 실내투시도(제색작업 필수) SCALE : N.S
　　(B에서 D방향으로, 1소점 투시도로 작성하되 투시보조선을 남길 것)

* 첫 번째 장에는 평면도, 두 번째 장에는 천장도, 내부입면도, 세 번째 장에는 실내투시도 작성
* 문제지는 시험 종료 후 본인이 가져갈 수 없습니다.

[예제도면] SCALE : 1/50으로 작도하였음

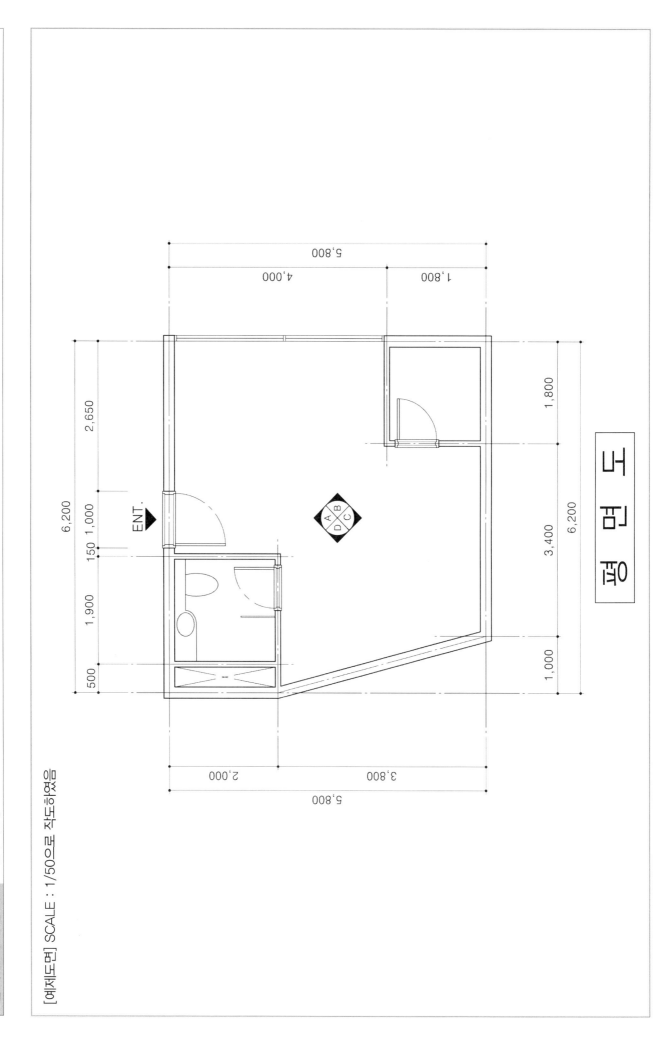

평 면 도

● **평면도** [예제도면] SCALE : 1/50으로 작도하였음

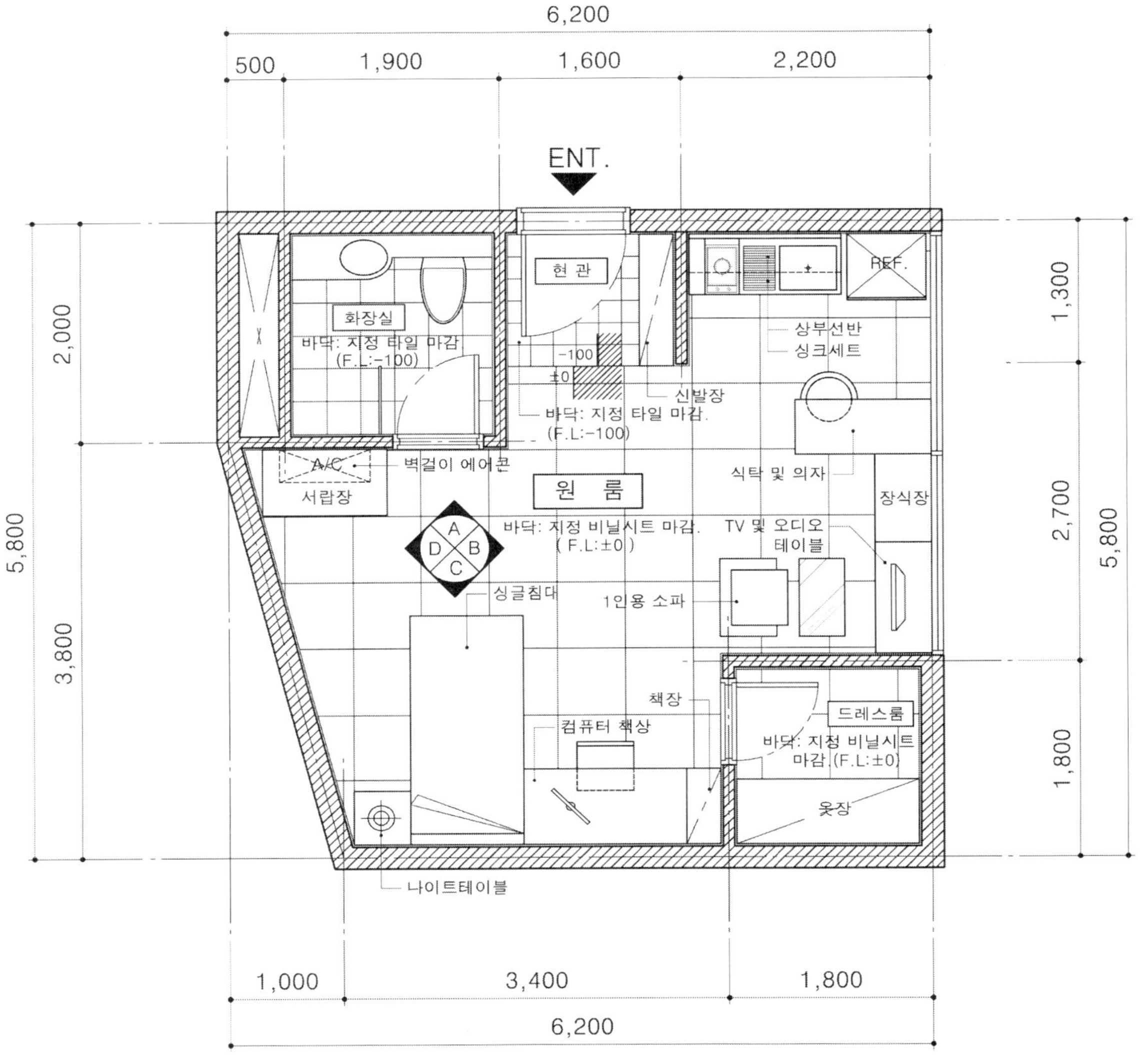

평 면 도 SCALE : 1/30

주요 치수 및 라벨:

5,800 / 1,300 / 2,700 / 1,800

6,200 / 2,200 / 1,600 / 1,900 / 500

1,800 / 6,200 / 3,400 / 1,000

5,800 / 2,000 / 3,800

ENT.

REF. / 상부선반 / 싱크세트 / 신발장 / 식탁 및 의자 / 장식장 / TV 및 오디오 테이블 / 드레스룸 / 옷장 / 바닥: 지정 비닐시트 마감 (F.L.±0) / 책장 / 1인용 소파 / 컴퓨터 책상 / 싱글침대 / 나이트테이블 / 바닥: 지정 비닐시트 마감 (F.L.±0) / **원 룸** / 바닥: 지정 타일 마감 (F.L.:-100) / 현 관 / -100 / ±0 / 벽걸이 에어컨 / 화장실 / 바닥: 지정 타일 마감 (F.L.:-100) / A/C / 서랍장

A / B / D / C

② **천장도** [예제도면] SCALE : 1/50으로 작도하였음

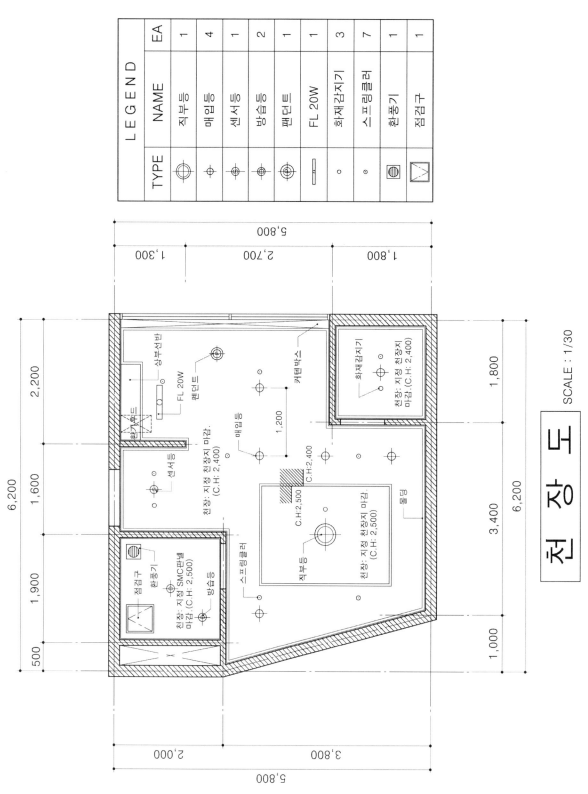

천 장 도   SCALE : 1/30

❸ **내부입면도 D** [예제도면] SCALE : 1/50으로 작도하였음

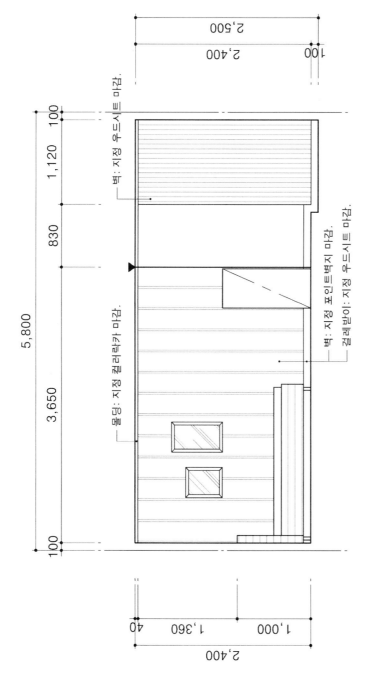

벽 : 지정 우드시트 마감.

몰딩 : 지정 컬러락카 마감.

벽 : 지정 포인트벽지 마감.

걸레받이 : 지정 우드시트 마감.

내부입면도 D SCALE : 1/30

❹ 실내투시도—1

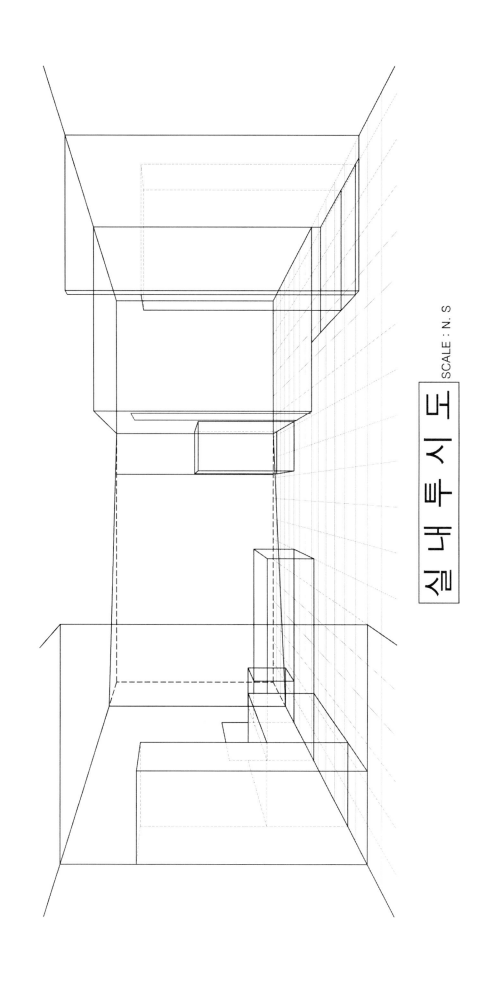

실 내 투 시 도
SCALE : N. S

⑤ 실내투시도−2(펜 작업)

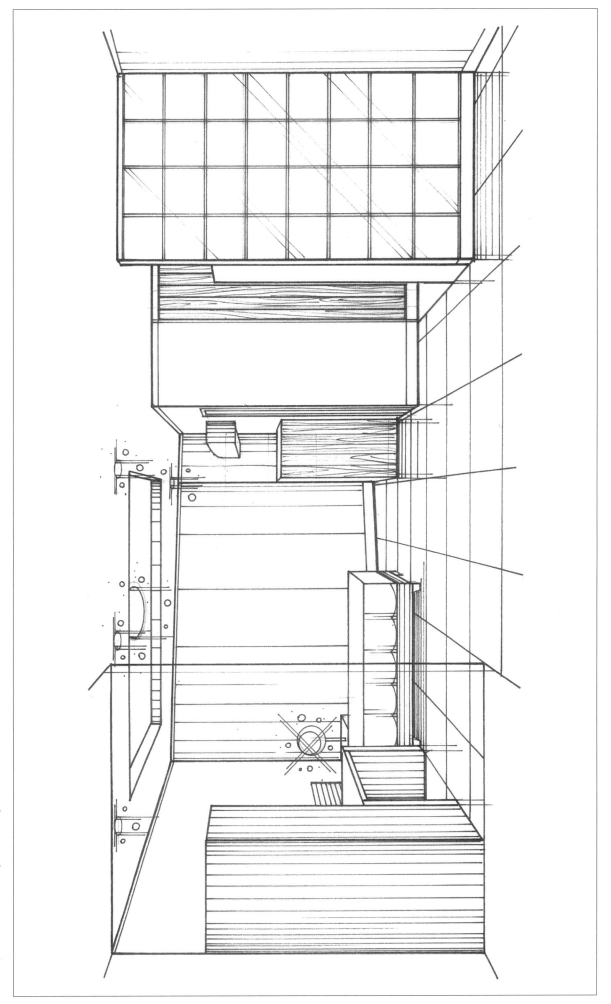

⑥ 실내투시도-3(펜, 마카 컬러링 작업)

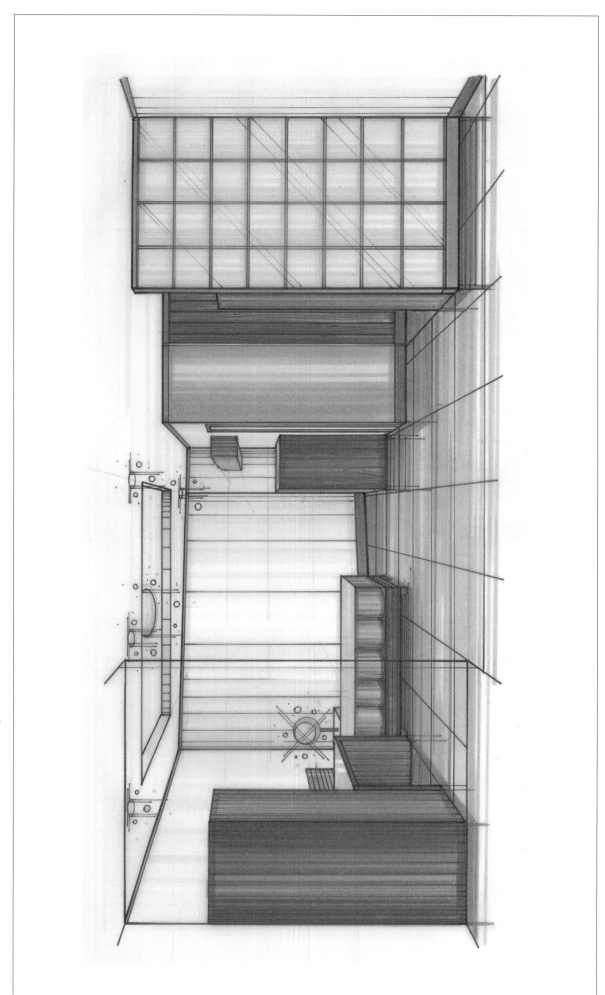

자격종목	작업명	시험시간
실내건축기능사	원룸형 주거공간⑫	5시간 30분

요구조건

1. 설계면적 : 7,600mm × 5,600mm × 2,400mm(H)
2. 구성원 : 신혼부부
3. 벽체 : 외벽 –1.0B 붉은벽돌 쌓기, 내벽 –1.0B 시멘트벽돌 쌓기, 기타 벽은 도면축척 준수
4. 창호(2) : 1,800mm × 1,500mm(H)
5. 출입문 : [현관] 1,000mm × 2,100mm(H), [화장실] 800mm × 2,000mm(H)
6. 주요가구 : 침대, 나이트 테이블, 서랍장, 화장대, 옷장, 컴퓨터 책상, 의자, 책장, TV 및 오디오 테이블, 2인용 소파세트, 장식장, 에어컨, 신발장, 주방시설(싱크대세트), 식탁세트
(그 외 가구는 실의 기능에 맞게 수검자가 임의로 넣을 수 있다.)

요구도면

1. 평면도(가구 배치 및 바닥 마감재 표시) SCALE : 1/30
2. 천장도(조명기구 배치 및 설비, 마감재 표시) SCALE : 1/50
3. 내부입면도 C(벽면마감재 표시) SCALE : 1/30
4. 실내투시도(채색작업 필수) SCALE : N.S
(A에서 C방향으로, 1소점 투시도로 작성하되 투시보조선을 남길 것)

* 첫 번째 장에는 평면도, 두 번째 장에는 천장도, 내부입면도, 세 번째 장에는 실내투시도 작성
* 문제지는 시험 종료 후 본인이 가져갈 수 없습니다.

[예제도면] SCALE : 1/50으로 작도하였음

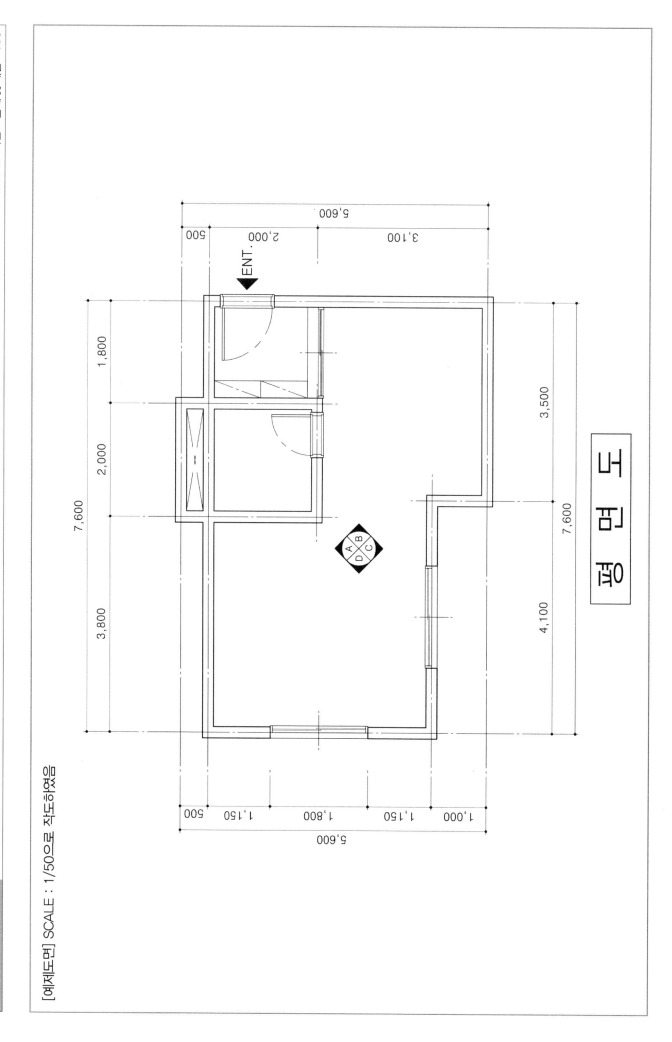

평 면 도

● **평면도** [예제도면] SCALE : 1/50으로 작도하였음

평 면 도 SCALE : 1/30

❷ 천장도 [예제도면] SCALE : 1/50으로 작도하였음

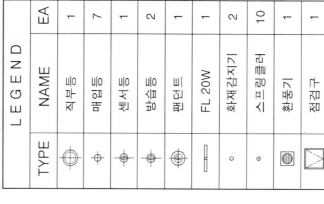

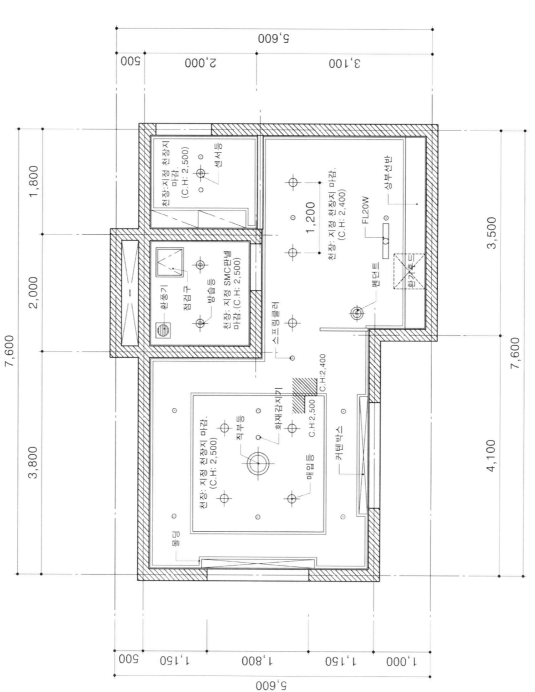

천 장 도 SCALE : 1/50

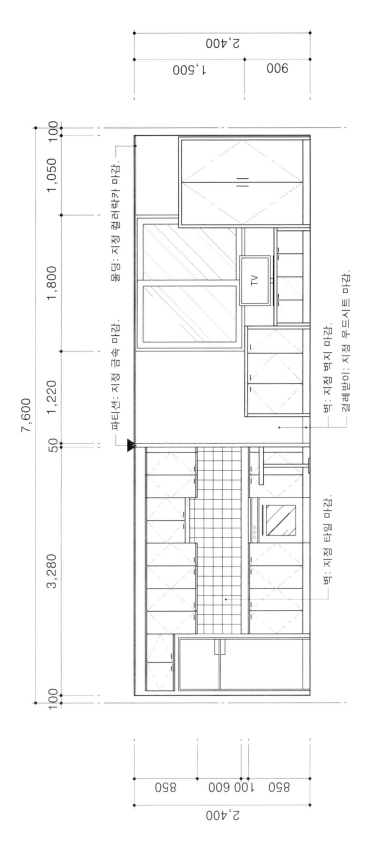

❹ 실내투시도-1

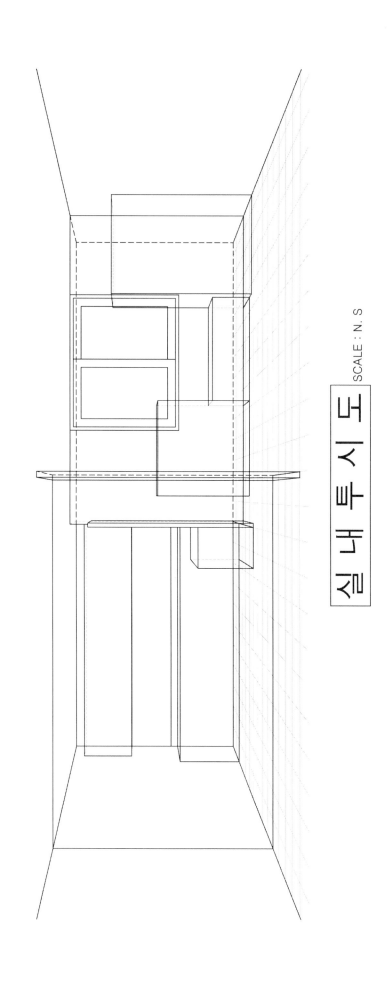

실 내 투 시 도 SCALE : N. S

❺ 실내투시도-2(펜 작업)

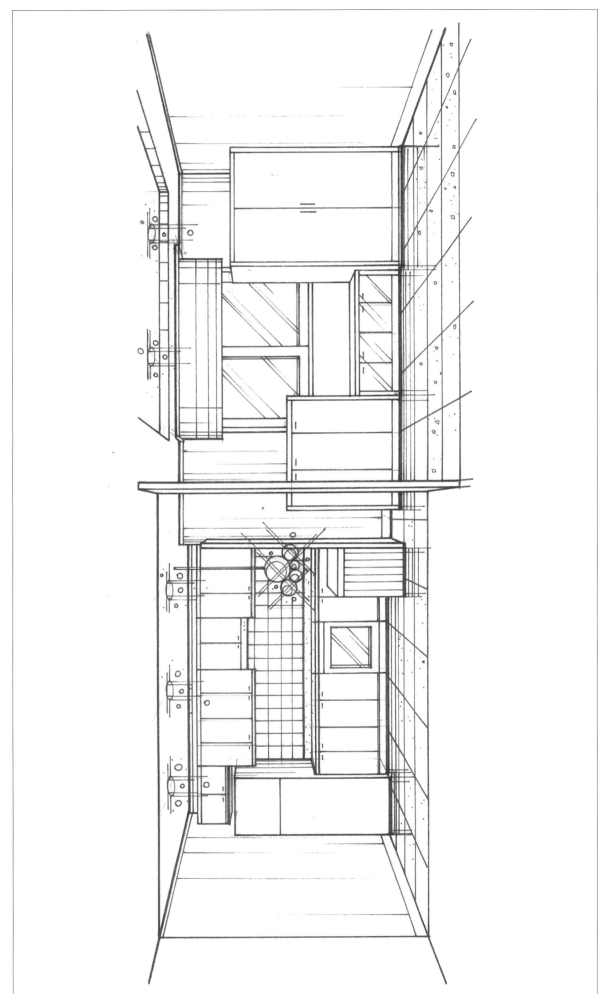

⑥ 실내투시도-3(펜, 마카 컬러링 작업)

자격종목	작업명	시험시간
실내건축기능사	원룸형 주거공간⑬	5시간 30분

요구조건

1. 설계면적 : 7,600mm × 5,400mm × 2,500mm(H)

2. 구성원 : 대학생 1인

3. 벽체 : 외 − 내벽−철근콘크리트 옹벽 150mm, 기타 벽은 도면축척 준수

4. 창호 : 2,200mm × 1,500mm(H), 기타 창호 1,500mm(H)

5. 출입문 : [현관] 1,000mm × 2,100mm(H), [화장실] 800mm × 2,000mm(H)

6. 주요 가구 : 침대, 나이트 테이블, 화장대, 서랍장, 옷장, 컴퓨터 책상, 의자, 책장, TV 및 오디오 테이블, 소파세트, 에어컨, 신발장, 주방시설(싱크대세트), 식탁세트

   (그 외 가구는 실의 기능에 맞게 수검자가 임의로 넣을 수 있다.)

요구도면

1. 평면도(가구 배치 및 바닥 마감재 표시) SCALE : 1/30

2. 천장도(조명기구 배치 및 설비, 마감재 표시) SCALE : 1/50

3. 내부입면도 A(벽면 마감재 표시) SCALE : 1/30

4. 실내투시도(채색작업 필수) SCALE : N.S

   (B에서 D방향으로, 1소점 투시도로 작성하되 투시보조선을 남길 것)

* 첫 번째 장에는 평면도, 두 번째 장에는 천장도, 내부입면도, 세 번째 장에는 실내투시도 작성

* 문제지는 시험 종료 후 본인이 가져갈 수 없습니다.

[예제도면] SCALE : 1/50으로 작도하였음

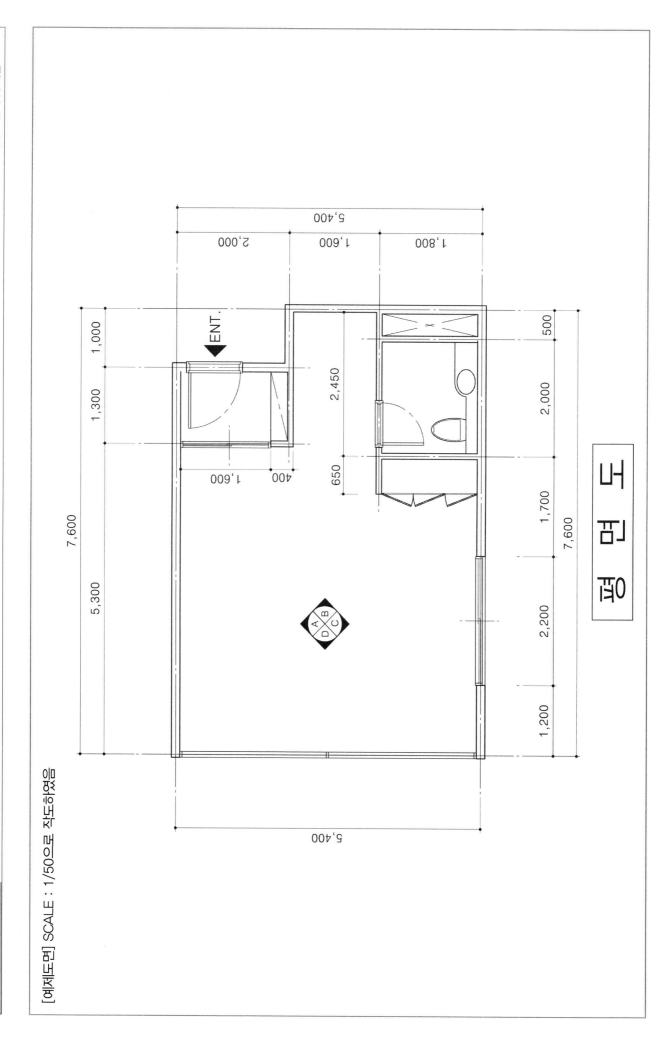

평 면 도

❶ **평면도** [예제[도면] SCALE : 1/50으로 작도하였음

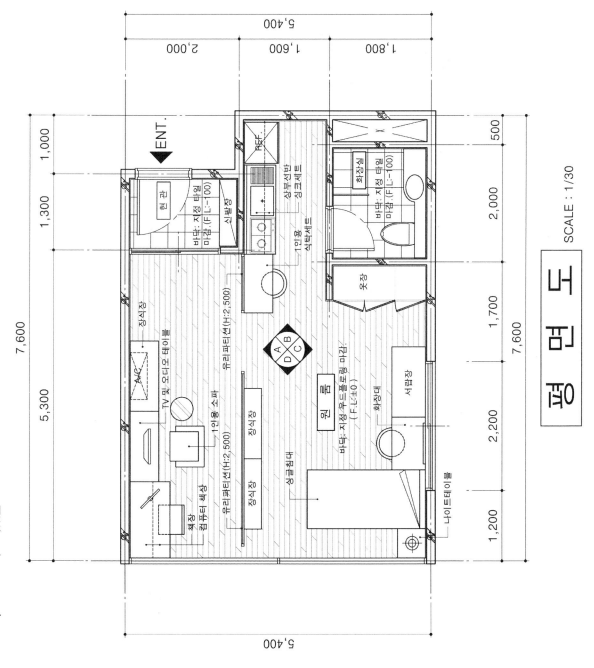

평 면 도 SCALE : 1/30

❷ 천장도 [예제도면] SCALE : 1/50으로 작도하였음

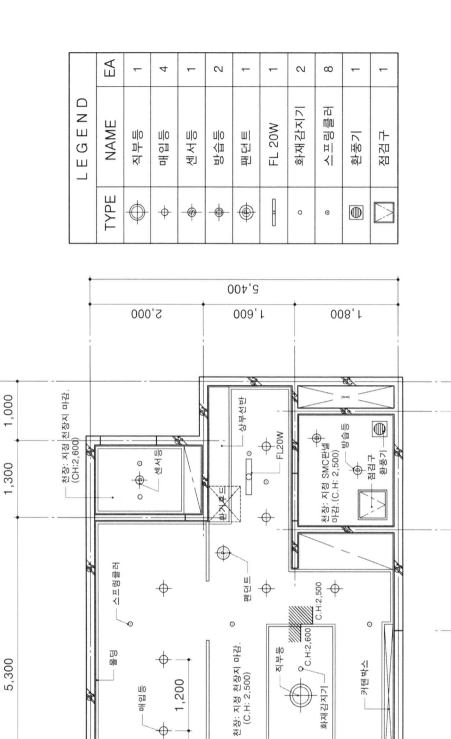

TYPE	L E G E N D	EA
	NAME	
⊕	직부등	1
⊕	매입등	4
⊕	센서등	1
⊕	방습등	2
⊕	펜던트	1
▭	FL 20W	1
∘	화재감지기	2
⊙	스프링클러	8
▦	환풍기	1
▢	점검구	1

천 장 도   SCALE : 1/50

❸ **내부입면도 A** [예제도면] SCALE : 1/50으로 작도하였음

2,500

7,625

50 | 4,180 | 1,000 | 2,320 | 75

2,500

950 | 600 100 | 850

몰딩: 지정 컬러락카 마감.

프레임: THK.1.2MM 지정 금속 마감.
유리: THK.6MM 지정 망입유리 마감.

벽: 지정 벽지 마감.
걸레받이: 지정 우드시트 마감.

벽: 지정 타일 마감.

내부입면도 A SCALE : 1/30

❹ 실내투시도-1

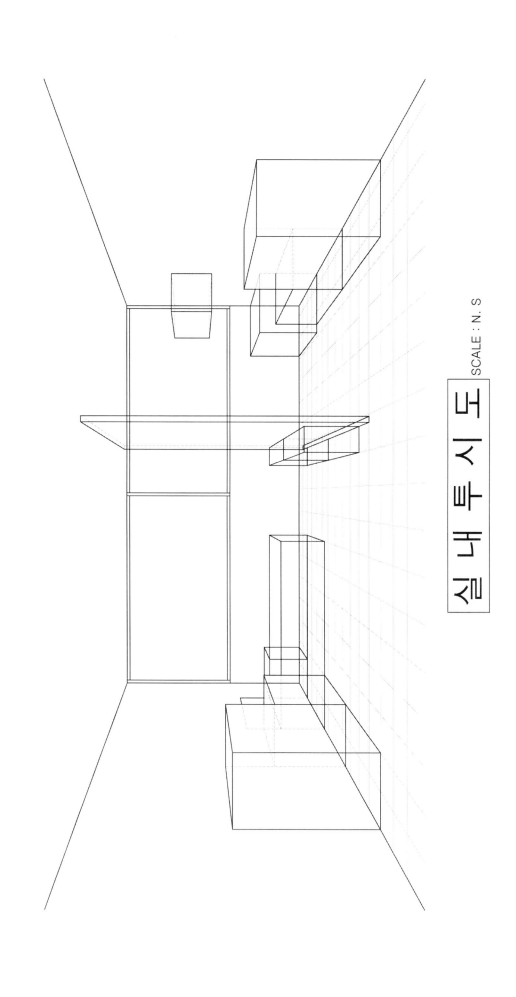

실 내 투 시 도

SCALE : N. S

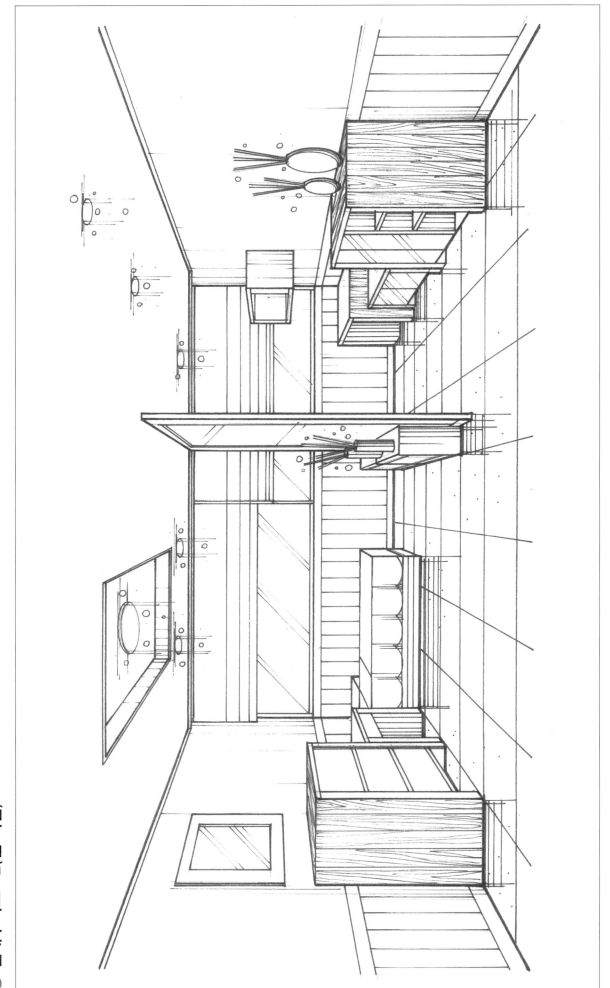

⑤ 실내투시도 −2(펜 작업)

⑥ 실내투시도−3(펜, 마카 컬러링 작업)

자격종목	작업명	시험시간
실내건축기능사	원룸형 주거공간⑭	5시간 30분

요구조건

1. 설계면적 : 6,600mm × 4,500mm × 2,400mm(H)
2. 구성원 : 30대 전문직 종사자 1인
3. 벽체 : 외부 – 1.5B 붉은벽돌 공간쌓기, 내부 – 1.0B 시멘트벽돌 쌓기, 기타 벽 – 0.5B 시멘트벽돌 쌓기
4. 창호 : 2,400mm × 1,500mm(H), 2중 창호(내부 – 목재, 외부 – 알루미늄)로 한다.
5. 출입문 : [현관] 1,000mm × 2,100mm(H), [화장실 800mm × 2,000mm(H)
6. 주요 가구 : 침대, 나이트 테이블, 옷장, 컴퓨터 책상, 의자, 책장, TV 및 오디오 테이블, 소파세트, 장식장, 에어컨, 신발장, 주방시설(싱크대세트), 식탁세트
   (그 외 가구는 실의 기능에 맞게 수검자가 임의로 넣을 수 있다.)

요구도면

1. 평면도(기구 배치 및 바닥 마감재 표시) SCALE : 1/30
2. 천장도(조명기구 배치 및 설비, 마감재 표시) SCALE : 1/30
3. 내부입면도 A(벽면 마감재 표시) SCALE : 1/30
4. 실내투시도(채색작업 필수) SCALE : N.S
   (수검자가 좋은 지점으로 지정하여 1소점 투시도 또는 2소점 투시도로 작성하되, 투시보조선을 남길 것)

* 첫 번째 장에는 평면도, 두 번째 장에는 천장도, 내부입면도, 세 번째 장에는 실내투시도 작성
* 문제지는 시험종료 후 본인이 가져갈 수 없습니다.

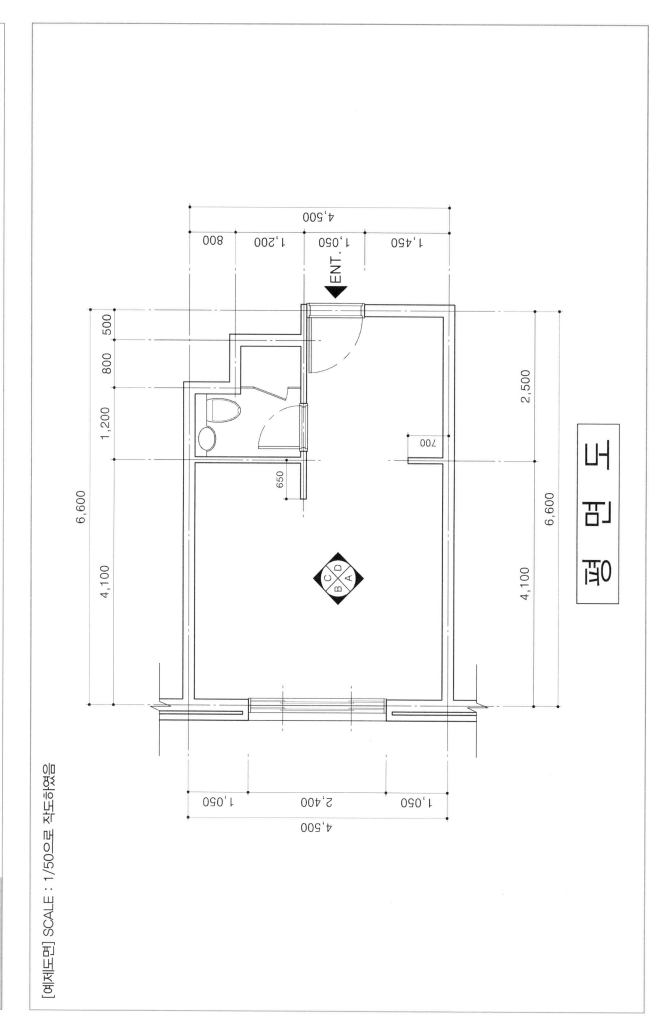

평 면 도

[예제도면] SCALE : 1/50으로 작도하였음

평면도 [예제도면] SCALE : 1/50으로 작도하였음

평면도 SCALE : 1/30

❷ 천장도 [예제도면] SCALE : 1/50으로 작도하였음

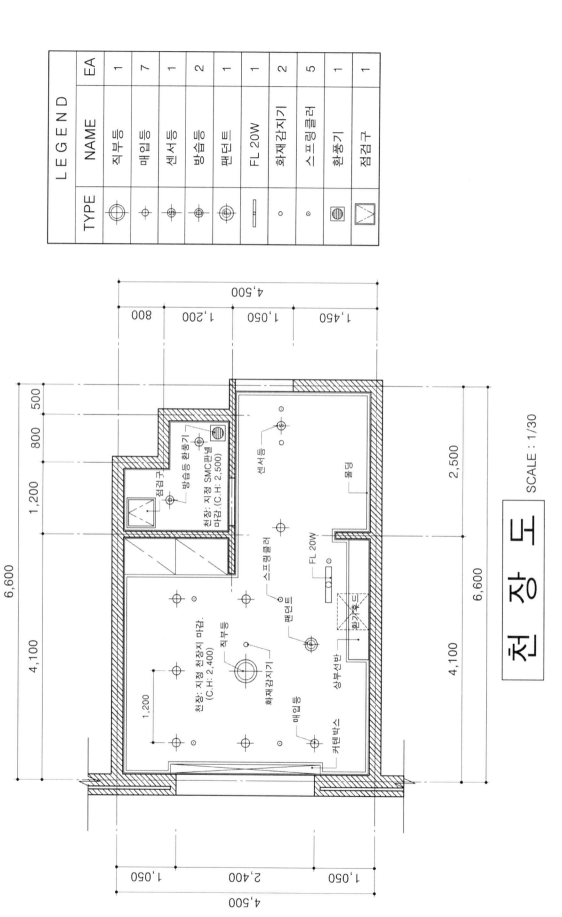

TYPE	NAME	EA
⊕	직부등	1
⊕	매입등	7
⊕	센서등	1
⊕	방습등	2
⊕	펜던트	1
	FL 20W	1
○	화재감지기	2
○	스프링클러	5
▦	환풍기	1
▷	점검구	1

L E G E N D

천 장 도　SCALE : 1/30

❸ 내부입면도 A [예제도면] SCALE : 1/50으로 작도하였음

내부입면도 A SCALE : 1/30

❹ 실내투시도-1

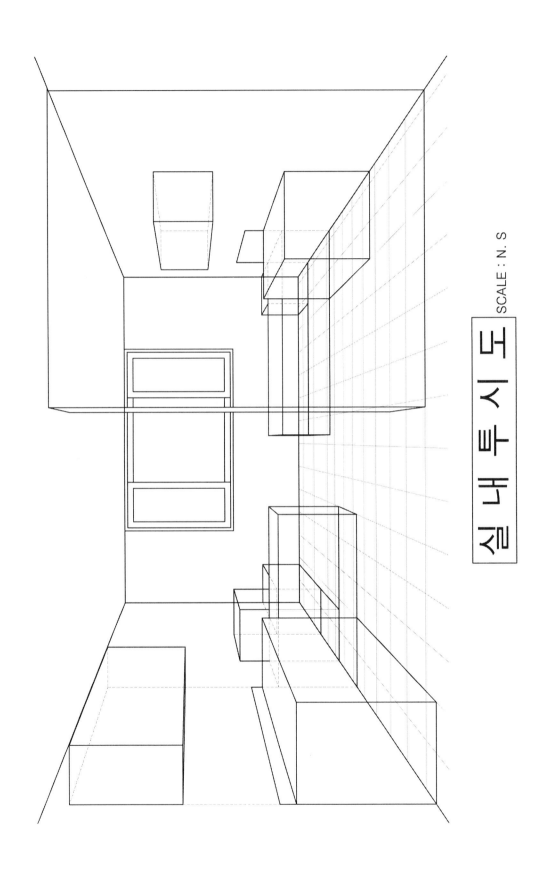

실 내 투 시 도
SCALE : N. S

⑤ 실내투시도-2(펜 작업)

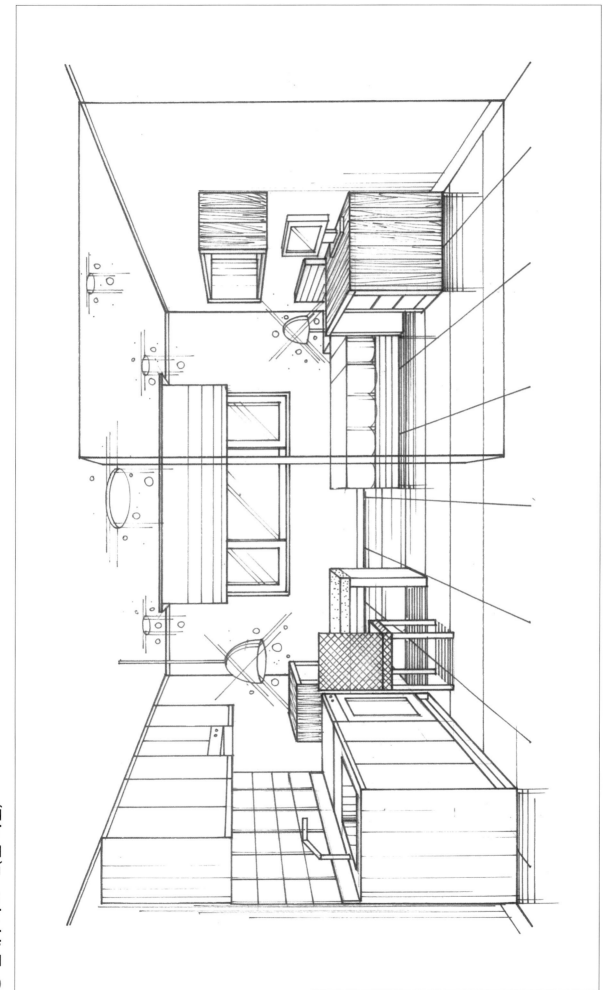

❻ 실내투시도−3(펜, 마카 컬러링 작업)

자격종목	작업명	시험시간
실내건축기능사	원룸형 주거공간⑮	5시간 30분

요구조건

1. 설계면적 : 8,600mm × 6,500mm(H)
2. 구성원 : 40대 독신자 1인
3. 벽체 : 외벽 – 1.5B 붉은벽돌 공간쌓기, 내벽 – 1.0B 시멘트벽돌 쌓기, 기타 벽 – 0.5B 시멘트벽돌 쌓기
4. 창호 : 2,400mm × 1,500mm(H) 2중 창호, 600mm × 1,500mm(H) / 내부 – 목재, 외부 – 알루미늄으로 한다.
5. 출입문 : [현관(2)] 1,000mm × 2,100mm(H), [화장실 700mm × 2,000mm(H), [주방-입구 아치형
6. 주요가구 : 침대, 나이트 테이블, 화장대, 서랍장, 옷장, 컴퓨터 책상, 의자, 책장, TV 및 오디오 테이블, 2인용 소파세트, 장식장, 에어컨, 신발장, 주방시설(싱크대세트), 식탁세트
(그 외 가구는 실의 기능에 맞게 수검자가 임의로 넣을 수 있다.)

요구도면

1. 평면도(가구 배치 및 바닥마감재 표시) SCALE : 1/30
2. 천장도(조명기구 배치 및 마감재 표시) SCALE : 1/50
3. 내부입면도 C(벽면마감재 표시) SCALE : 1/30
4. 실내투시도(채색작업 필수) SCALE : N.S
(A에서 C방향으로, 1소점 투시도법으로 작성하되 투시보조선을 남길 것)

* 첫 번째 장에는 평면도, 두 번째 장에는 천장도, 내부입면도, 세 번째 장에는 실내투시도 작성
* 문제지는 시험 종료 후 본인이 가져갈 수 없습니다.

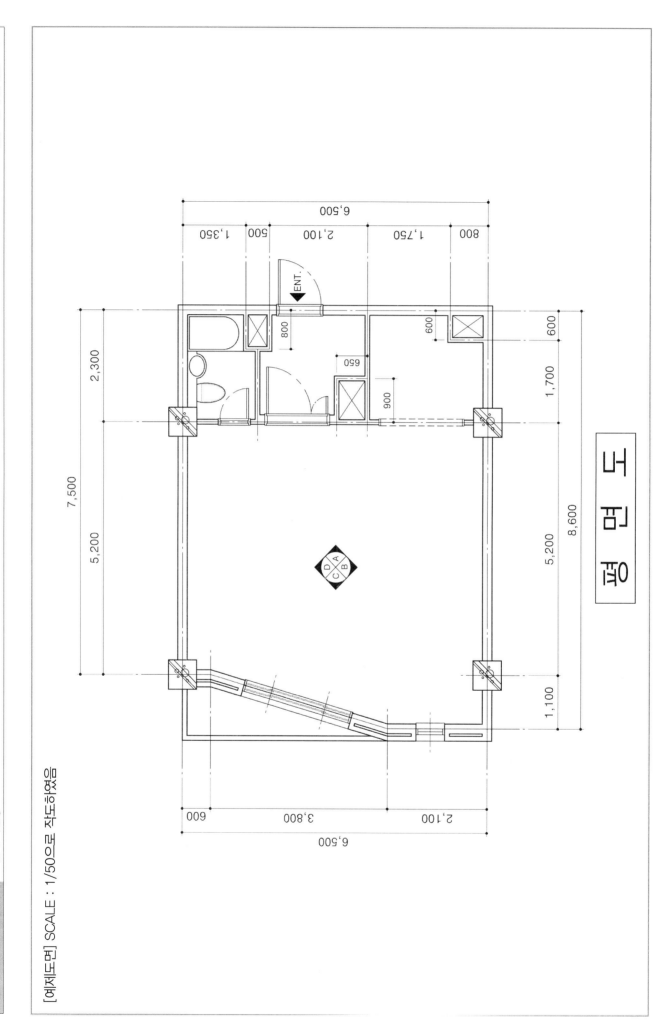

[예제[도면] SCALE : 1/50으로 작도하였음

평 면 도

평면도 [예제도면] SCALE : 1/50으로 작도하였음

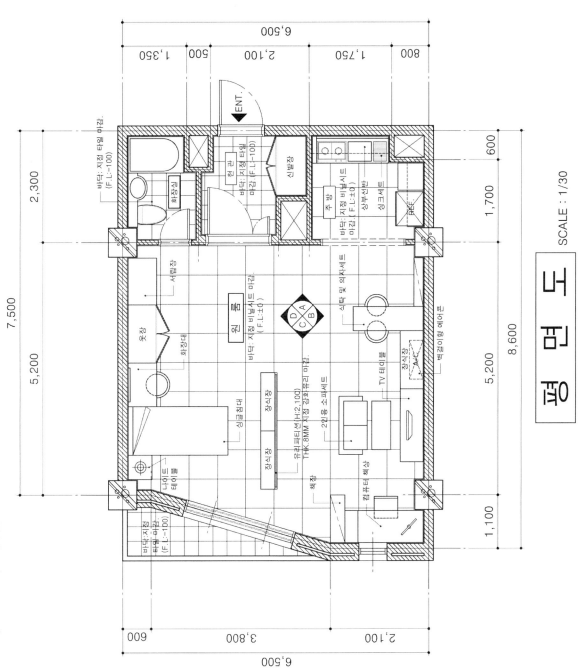

평 면 도 SCALE : 1/30

❷ **천장도** [예제도면] SCALE : 1/50으로 작도하였음

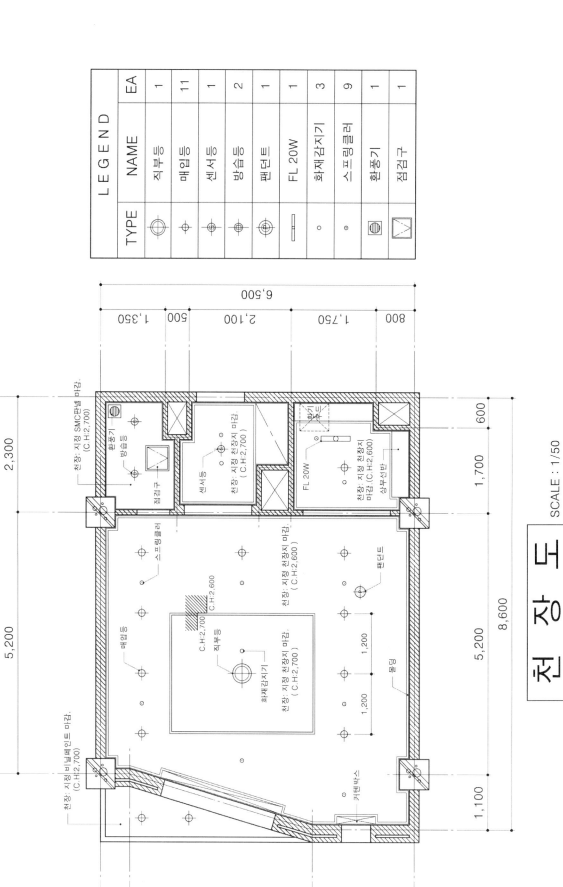

천 장 도　SCALE : 1/50

❸ **내부입면도 C** [예제도면] SCALE : 1/50으로 작도하였음

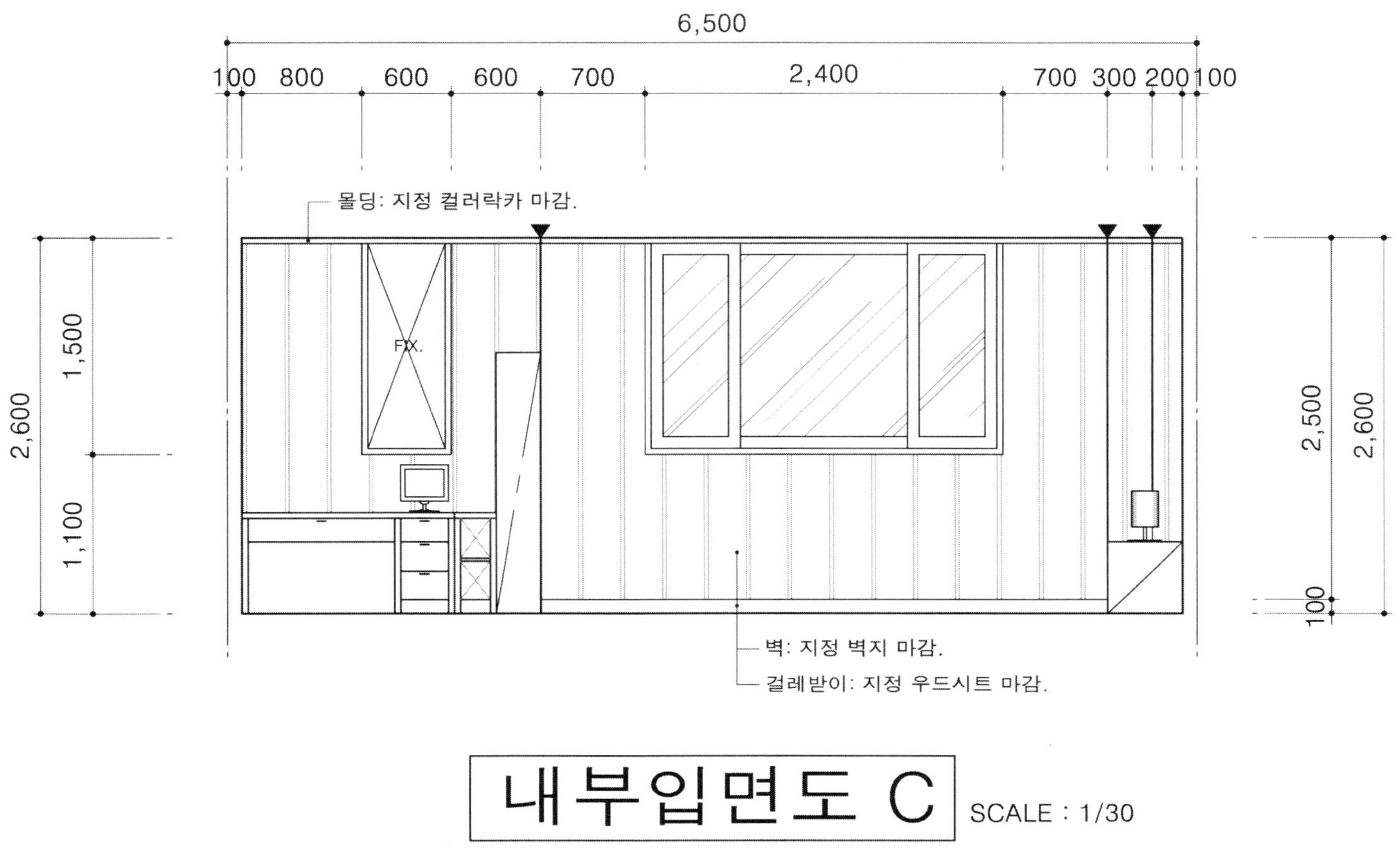

내부입면도 C SCALE : 1/30

벽: 지정 벽지 마감.
걸레받이: 지정 우드시트 마감.
몰딩: 지정 컬러락카 마감.
FX.

2,600
2,500   100

6,500
100 200 300 700   2,400   700   600   600   800 100

2,600
1,500   1,100

④ 실내투시도-1

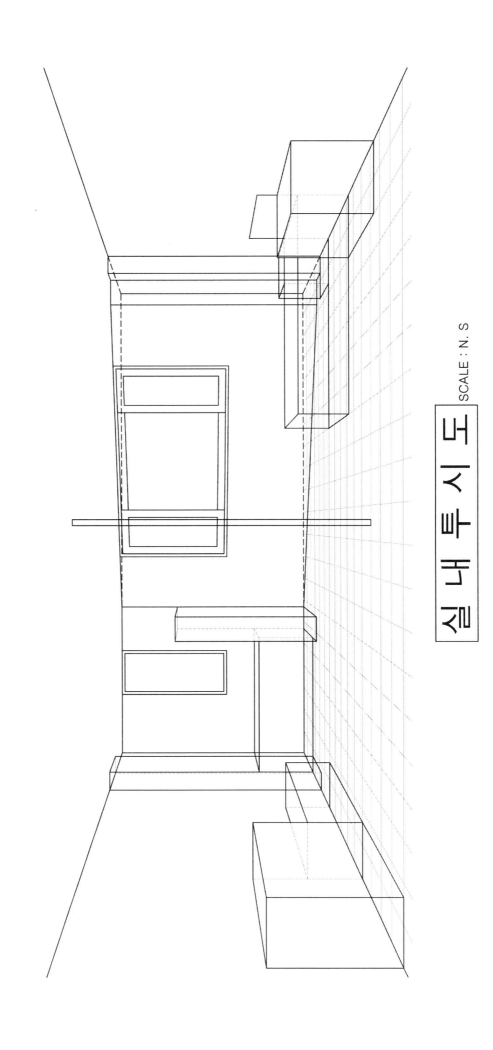

실 내 투 시 도

SCALE : N. S

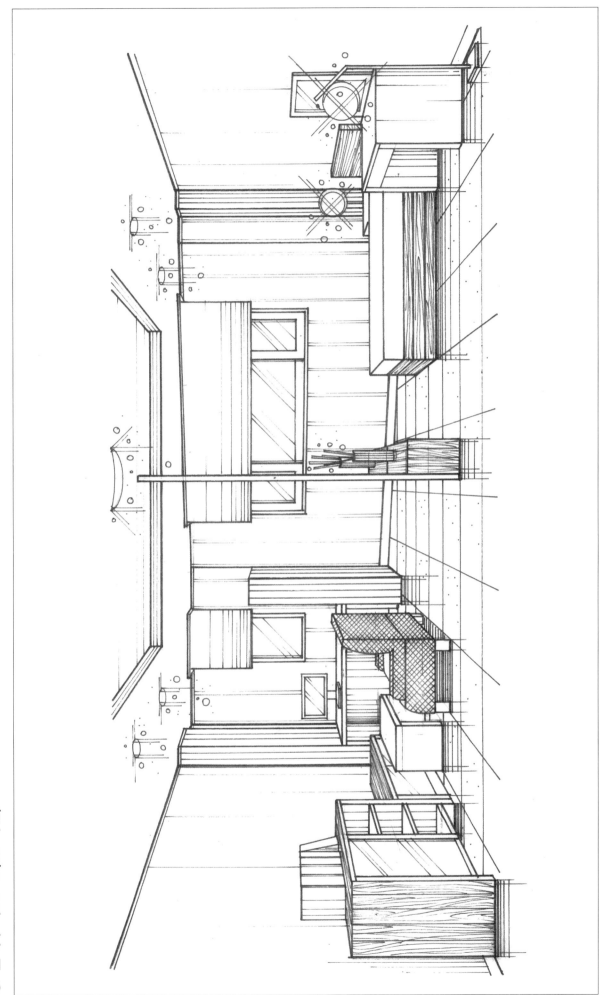

❺ 실내투시도-2(펜 작업)

⑥ 실내투시도-3(펜, 마카 컬러링 작업)

자격종목	작업명	시험시간
실내건축기능사	원룸형 주거공간⑯	5시간 30분

요구조건

1. 설계면적 : 7,600mm × 5,600mm × 2,600mm(H)

2. 구성원 : 20대 여자 대학생 2명

3. 벽체 : 외벽 − 1.5B 붉은벽돌 공간쌓기, 내벽 − 1.0B 시멘트벽돌 쌓기, 기타 벽 − 0.5B 시멘트벽돌 쌓기

4. 창호 : 1,800mm × 1,500mm(H), 1,200mm × 1,500mm(H), 600mm × 1,500mm(H), 2중 창호(내부 − 목재, 외부 − 알루미늄)로 한다.

5. 출입문 : [현관(2)] 1,000mm × 2,100mm(H), [화장실] 700mm × 2,000mm(H), [주방입구 아치형]

6. 주요 가구 : 트윈침대, 나이트 테이블, 화장대, 옷장, 컴퓨터 책상, 의자, 책장, TV 테이블, 2인용 소파세트, 장식장, 에어컨, 신발장, 주방시설(싱크대세트, 2인용 식탁세트

   (그 외 가구는 실의 기능에 맞게 수검자가 임의로 넣을 수 있다.)

요구도면

1. 평면도(가구 배치 및 바닥마감재 표시) SCALE : 1/30

2. 천장도(조명기구 배치 및 실비, 마감재 표시) SCALE : 1/50

3. 내부입면도 C(벽면마감재 표시) SCALE : 1/30

4. 실내투시도(채색작업 필수) SCALE : N.S

   (A에서 C방향으로, 1소점 투시도법으로 작성하되 투시보조선을 남길 것)

* 첫 번째 장에는 평면도, 두 번째 장에는 천장도, 내부입면도, 세 번째 장에는 실내투시도 작성
* 문제지는 시험 종료 후 본인이 가져갈 수 없습니다.

[예제도면] SCALE : 1/50으로 작도하였음

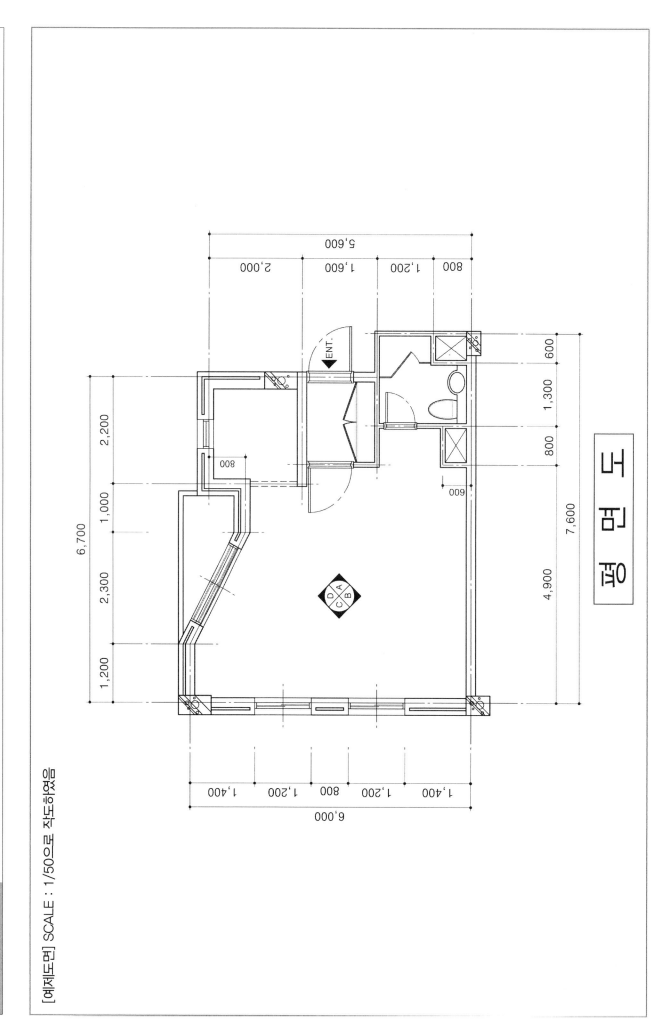

평 면 도

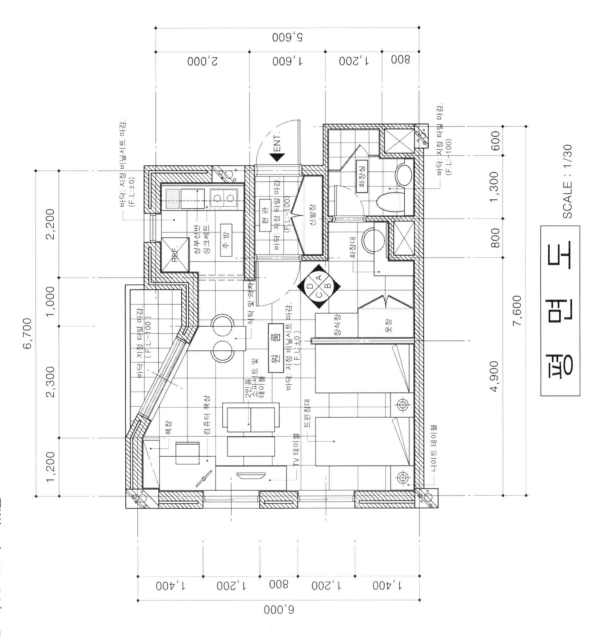

평면도 [예제도면] SCALE : 1/50으로 작도하였음

평 면 도 SCALE : 1/30

❷ 천장도 [예제도면] SCALE : 1/50으로 작도하였음

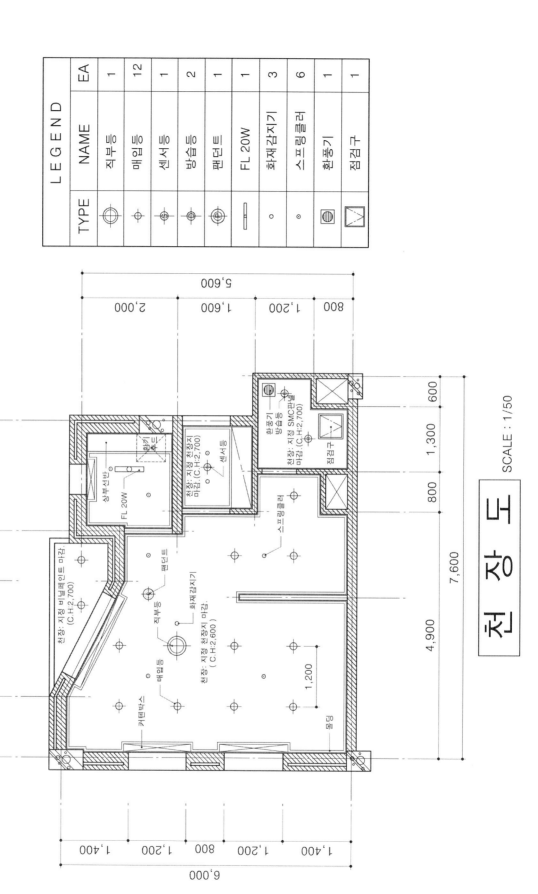

③ 내부입면도 C [예제도면] SCALE : 1/50으로 지도하였음

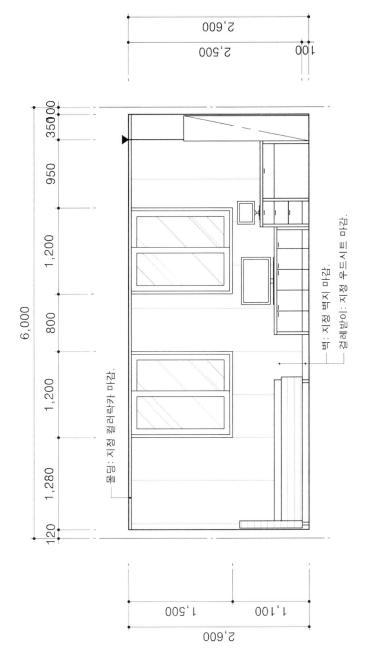

내부입면도 C SCALE : 1/30

몰딩: 지정 컬러덕카 마감.

벽: 지정 벽지 마감.

걸레받이: 지정 우드시트 마감.

6,000

120 1,280 1,200 800 1,200 950 350

2,600
1,500 1,100

2,600
2,500 100

④ 실내투시도ー1

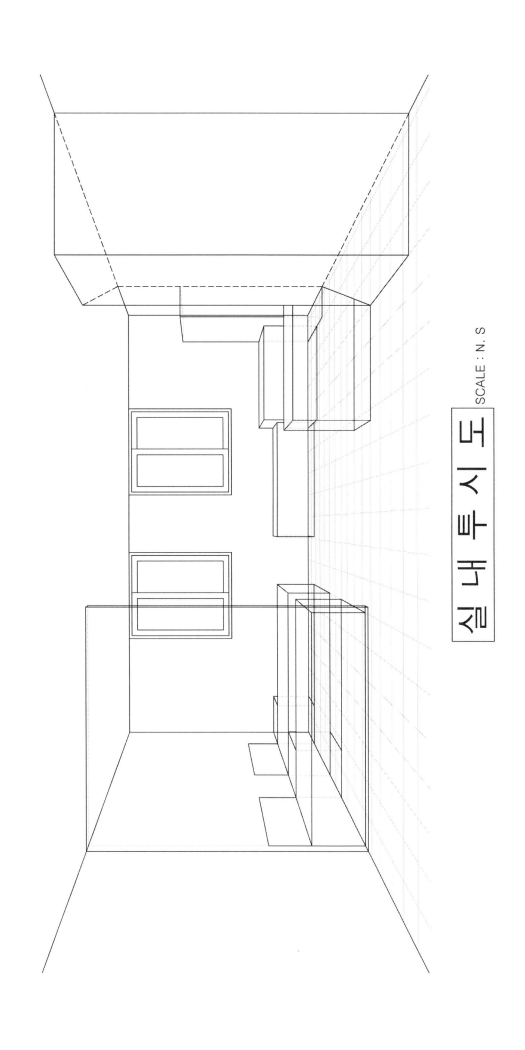

실내투시도

SCALE : N. S

⑤ 실내투시도-2(펜 작업)

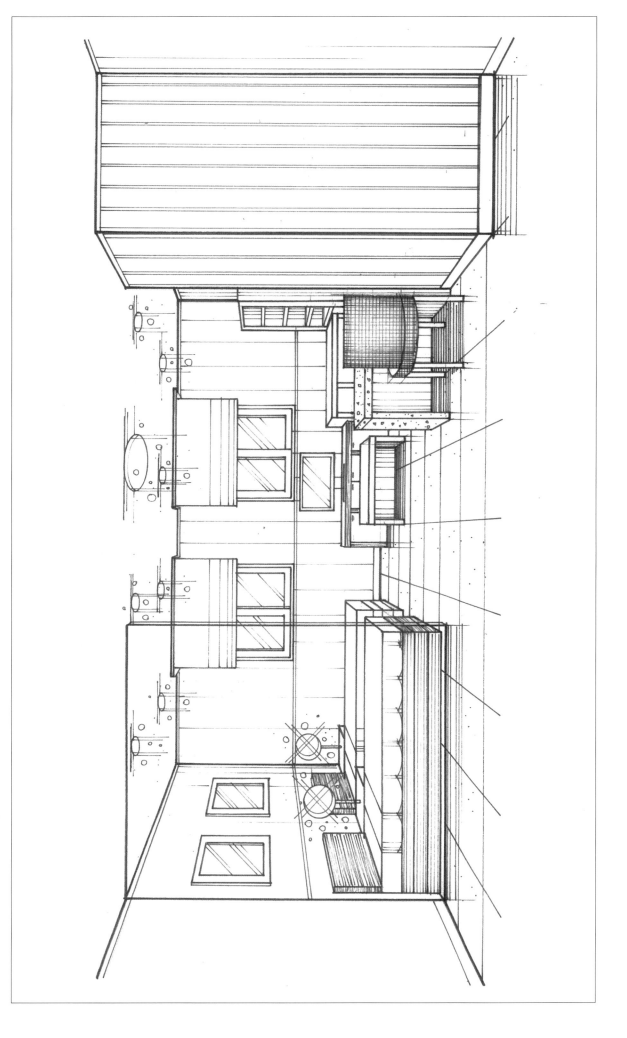

⑥ 실내투시도−3(펜, 마카 컬러링 작업)

자격종목	작업명	시험시간
실내건축기능사	원룸형 주거공간⑰	5시간 30분

요구조건

1. 설계면적 : 7,600mm × 6,000mm(H)

2. 구성원 : 40대 부부

3. 벽체 : 외벽－1.5B 붉은벽돌 공간쌓기, 내벽－1.0B 시멘트벽돌 쌓기, 기타 벽－0.5B 시멘트벽돌 쌓기]

4. 창호 : 1,800mm × 1,500mm(H), 1,200mm × 1,500mm(H), 600mm × 1,500mm(H), 2중 창호(내부－목제, 외부－알루미늄)로 한다.

5. 출입문 : [현관(2)] 1,000mm × 2,100mm(H), [화장실] 700mm × 2,000mm(H), [주방입구 아치형]

6. 주요 가구 : 침대, 나이트 테이블, 화장대, 서랍장, 옷장, 컴퓨터 책상, 의자, 책장, TV 테이블, 2인용 소파세트, 장식장, 에어컨, 신발장, 주방시설(싱크대세트, 식탁 및 의자세트 (그 외 가구는 실의 기능에 맞게 수검자가 임의로 넣을 수 있다.)

요구도면

1. 평면도(가구 배치 및 바닥마감재 표시) SCALE : 1/30

2. 천장도(조명기구 배치 및 설비, 마감재 표시) SCALE : 1/50

3. 내부입면도 C(벽면마감재 표시) SCALE : 1/30

4. 실내투시도(채색작업 필수) SCALE : N.S
   (A에서 C방향으로, 1소점 투시도법으로 작성하되 투시보조선을 남길 것)

* 첫 번째 장에는 평면도, 두 번째 장에는 천장도, 내부입면도, 세 번째 장에는 실내투시도 작성
* 문제지는 시험 종료 후 본인이 가져갈 수 없습니다.

[예제도면] SCALE : 1/50으로 작도하였음

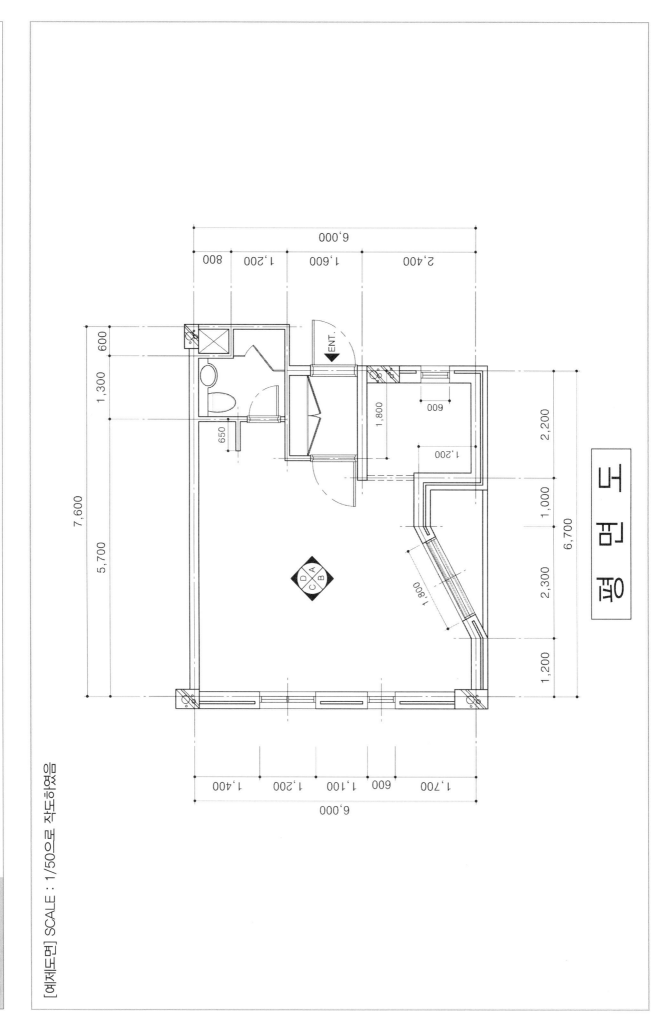

평 면 도

① **평면도** [예제도면] SCALE : 1/50으로 작도하였음

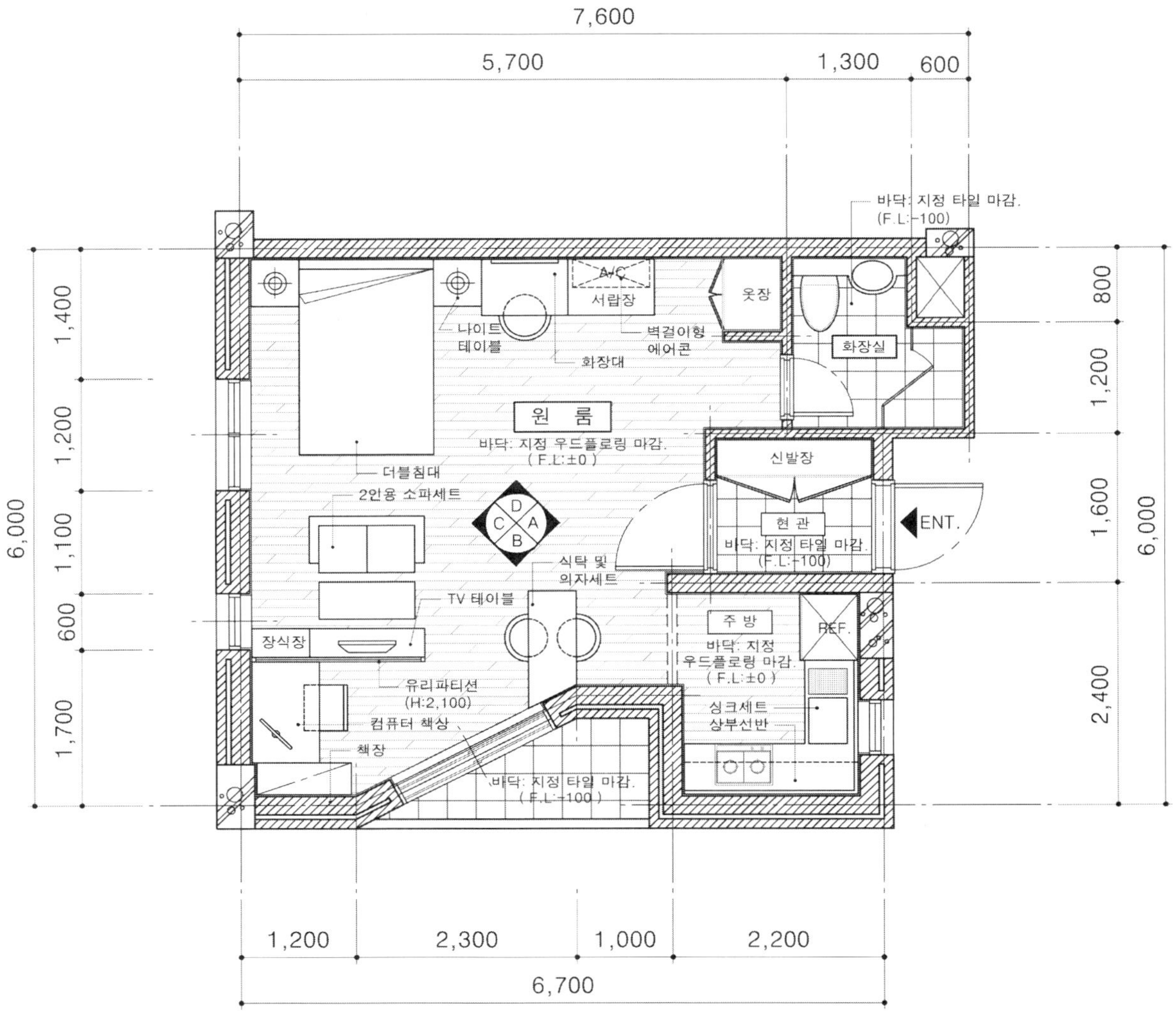

평 면 도

SCALE : 1/30

바닥 지정 타일 마감
(F.L.-100)

화장실

옷장

신발장

현관
바닥 지정 타일 마감
(F.L.-100)

ENT.

REF.

주방
바닥 지정
우드플로링 마감
(F.L.±0)

싱크세트
상부선반

벽걸이형
에어컨

서랍장

화장대

원 룸
바닥 지정 우드플로링 마감
(F.L.±0)

나이트
테이블

더블침대

2인용 소파세트

식탁 및
의자세트

TV 테이블

유리파티션
(H:2,100)

컴퓨터 책상

책장

장식장

바닥 지정 타일 마감
(F.L.-100)

A
B
C
D

6,000
800 1,200 1,600 2,400

7,600
600 600 1,300 5,700

2,200 1,000 2,300 1,200
6,700

6,000
1,700 600 1,100 1,200 1,400

❷ 천장도 [예제도면] SCALE : 1/50으로 작도하였음

실기 작업형 1/50으로 작도하였음

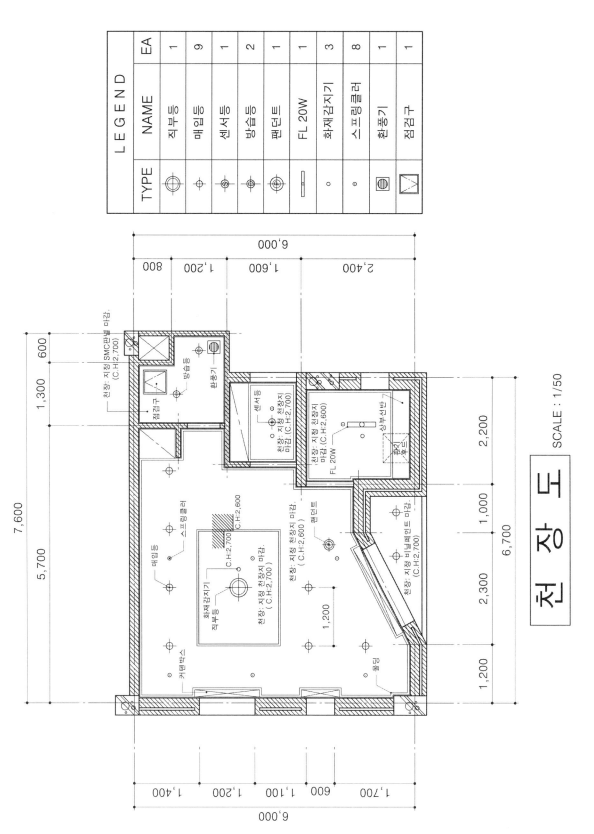

천 장 도 SCALE : 1/50

TYPE	L E G E N D NAME	EA
⊕	직부등	1
⊕	매입등	9
⊕	센서등	1
⊕	방습등	2
⊕	펜던트	1
▭	FL 20W	1
○	화재감지기	3
○	스프링클러	8
◉	환풍기	1
⊠	점검구	1

③ 내부입면도 C [예제도면] SCALE : 1/50으로 작도하였음

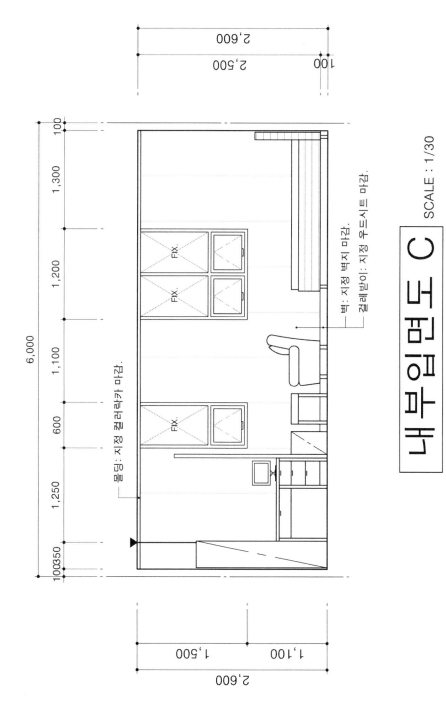

내부입면도 C SCALE : 1/30

❹ 실내투시도-1

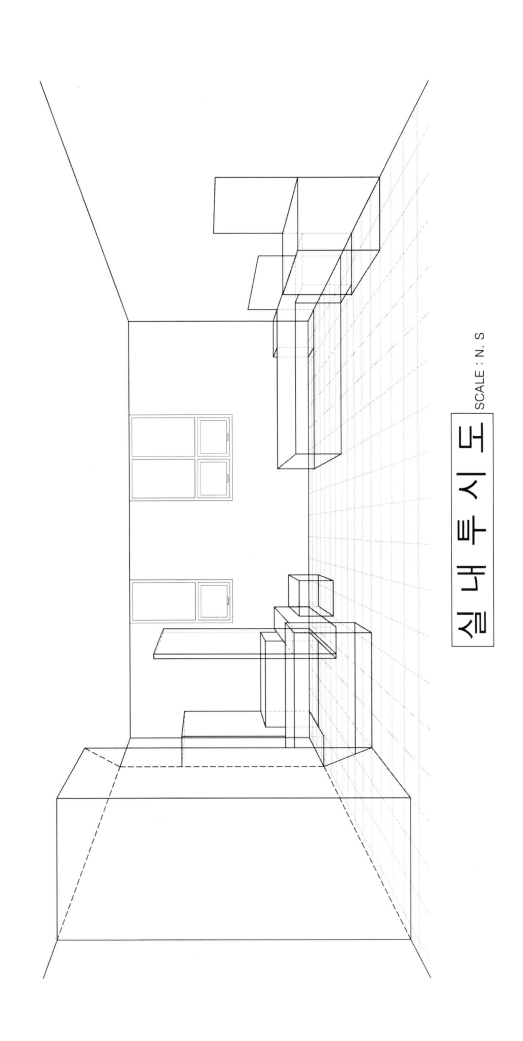

실내투시도

SCALE : N. S

❺ 실내투시도-2(펜 작업)

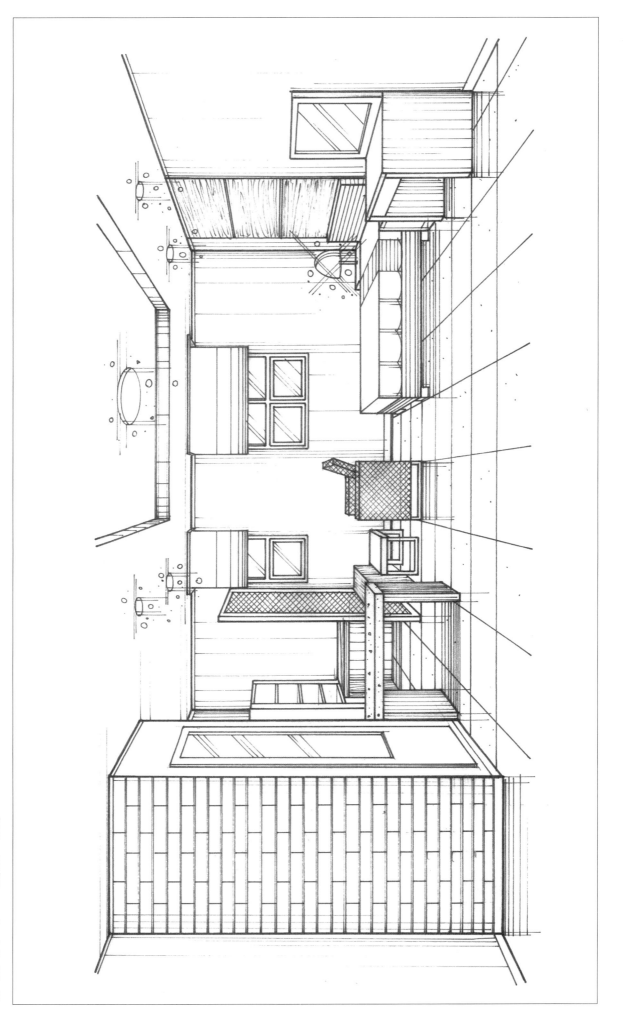

실기 작업형

❻ 실내투시도−3(펜, 마카 컬러링 작업)

PART

03

PART

실전 문제 및 해설

자격종목	작업명	시험시간
실내건축기능사	원룸형 주거공간① [침실]	5시간 30분

요구조건

1. 설계면적 : 4,000mm × 4,000mm × 2,700mm(H)
2. 구성원 : 여대생 1인
3. 벽체 : 외벽 −1.5B 붉은벽돌 공간쌓기, 내벽 −1.0B 시멘트벽돌 쌓기
4. 창호 : 1,500mm × 1,500mm(H), 2중 창호(내부 −목재, 외부 −알루미늄)로 한다.
5. 출입문 : 900mm × 2,100mm(H)
6. 주요 가구 : 싱글침대, 나이트 테이블, 화장대, 옷장, TV 테이블, 컴퓨터 책상 및 책장
   (그 외 가구는 수검자 임의로 넣을 수 있다.)

요구도면

1. 평면도(가구 배치 및 바닥마감재 표시) SCALE : 1/30
2. 천장도(조명기구 배치 및 설비, 마감재 표시) SCALE : 1/30
3. 내부입면도 B(벽면마감재 표시) SCALE : 1/30
4. 실내투시도(채색작업 필수) SCALE : N.S
   (수검자가 좋은 지점으로 지정하여 1소점 투시도 또는 2소점 투시도로 작성하되, 투시보조선을 남길 것)

* 첫 번째 장에는 평면도, 두 번째 장에는 천장도, 내부입면도, 세 번째 장에는 실내투시도 작성
* 문제지는 시험 종료 후 본인이 가져갈 수 없습니다.

[예제[도면] SCALE : 1/50으로 작도하였음

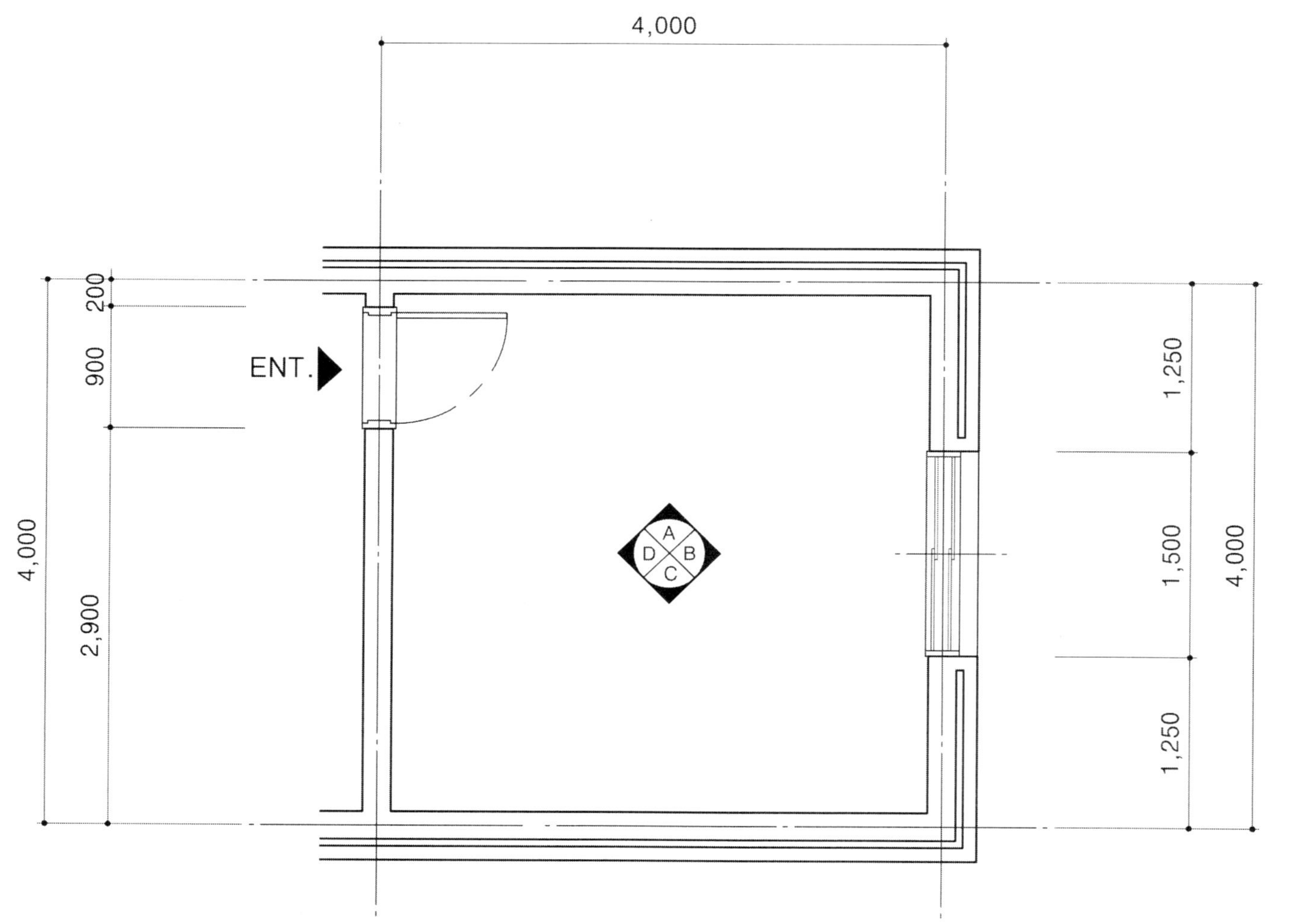

평 면 도

ENT.

4,000

1,250　1,500　1,250

4,000

4,000

2,900　900　200

자격종목	작업명	시험시간
실내건축기능사	원룸형 주거공간②	5시간 30분

요구조건

1. 설계면적 : 6,700mm × 4,300mm(H)
2. 구성원 : 30대 직장인 1인
3. 벽체 : 외벽 − 1.5B 붉은벽돌 공간쌓기, 내벽 − 1.0B 시멘트벽돌 쌓기, 기타 벽 − 0.5B 시멘트벽돌 쌓기
4. 창호 : 2,400mm × 1,500mm(H), 2중 창호(내부 − 목재, 외부 − 알루미늄)로 한다.
5. 출입문 : [현관] 1,000mm × 2,100mm(H), [화장실] 800mm × 2,000mm(H)
6. 주요 가구 : 싱글침대, 나이트 테이블, 옷장, 컴퓨터 책상, 의자, 책장, 신발장, 장식장, 주방시설(싱크대세트), 2인 식탁세트
   (그 외 가구는 실의 기능에 맞게 수검자가 임의로 넣을 수 있다.)

요구도면

1. 평면도(기구 배치 및 바닥마감재 표시) SCALE : 1/30
2. 천장도(조명기구 배치 및 설비, 마감재 표시) SCALE : 1/30
3. 내부입면도 D(벽면마감재 표시) SCALE : 1/30
4. 실내투시도(제색작업 필수) SCALE : N.S
   (수검자가 좋은 지점으로 지정하여 1소점 투시도 또는 2소점 투시도로 작성하되, 투시보조선을 남길 것)

* 첫 번째 장에는 평면도, 두 번째 장에는 천장도, 내부입면도, 세 번째 장에는 실내투시도 작성
* 문제지는 시험 종료 후 본인이 가져갈 수 없습니다.

[예제도면] SCALE : 1/50으로 작도하였음

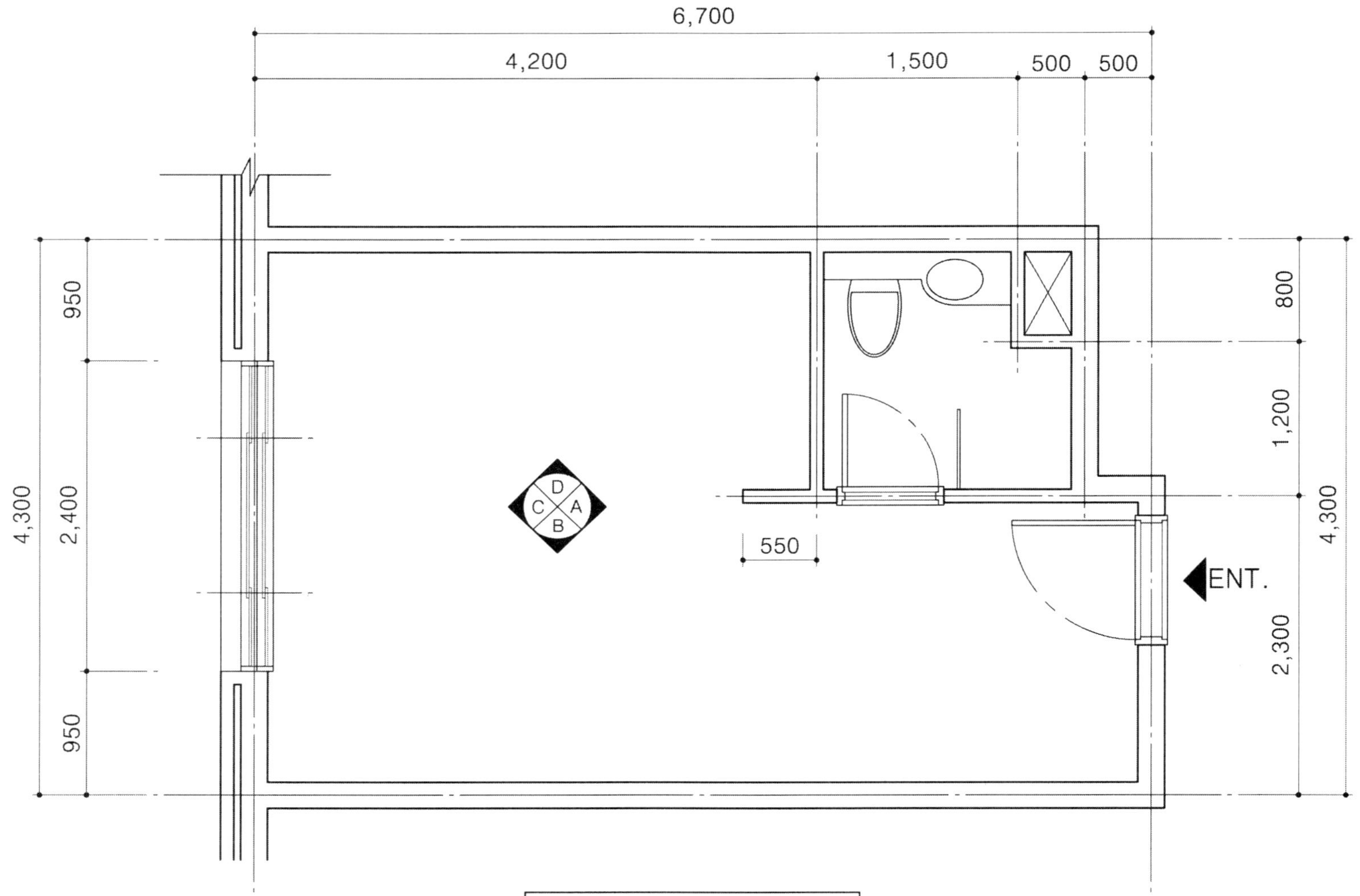

평 면 도

자격종목	작업명	시험시간
실내건축기능사	원룸형 주거공간③	5시간 30분

요구조건

1. 설계면적 : 7,200mm × 5,400mm × 2,400mm(H)
2. 구성원 : 회사원 1인
3. 벽체 : 외·내벽 - 철근콘크리트 옹벽 150mm, 기타 벽은 도면축척 준수
4. 창호 : 3,000mm × 1,500mm(H)
5. 출입문 : [현관] 1,000mm × 2,100mm(H), [화장실] 800mm × 2,000mm(H)
6. 주요 가구 : 침대, 나이트 테이블, 서랍장, 옷장, 컴퓨터 책상, 의자, 책장, TV 및 오디오 테이블, 소파세트, 장식장, 에어컨, 신발장, 주방시설(싱크대세트), 식탁세트
   (그 외 가구는 실의 기능에 맞게 수검자가 임의로 넣을 수 있다.)

요구도면

1. 평면도(가구 배치 및 바닥 마감재 표시) SCALE : 1/30
2. 천장도(조명기구 배치 및 설비, 마감재 표시) SCALE : 1/50
3. 내부입면도 D(벽면 마감재 표시) SCALE : 1/30
4. 실내투시도(채색작업 필수) SCALE : N.S
   (C에서 A방향으로, 1소점 투시도로 작성하되 투시보조선을 남길 것)

* 첫 번째 장에는 평면도, 두 번째 장에는 천장도, 내부입면도, 세 번째 장에는 실내투시도 작성
* 문제지는 시험 종료 후 본인이 가져갈 수 없습니다.

[예제도면] SCALE : 1/50으로 작도하였음

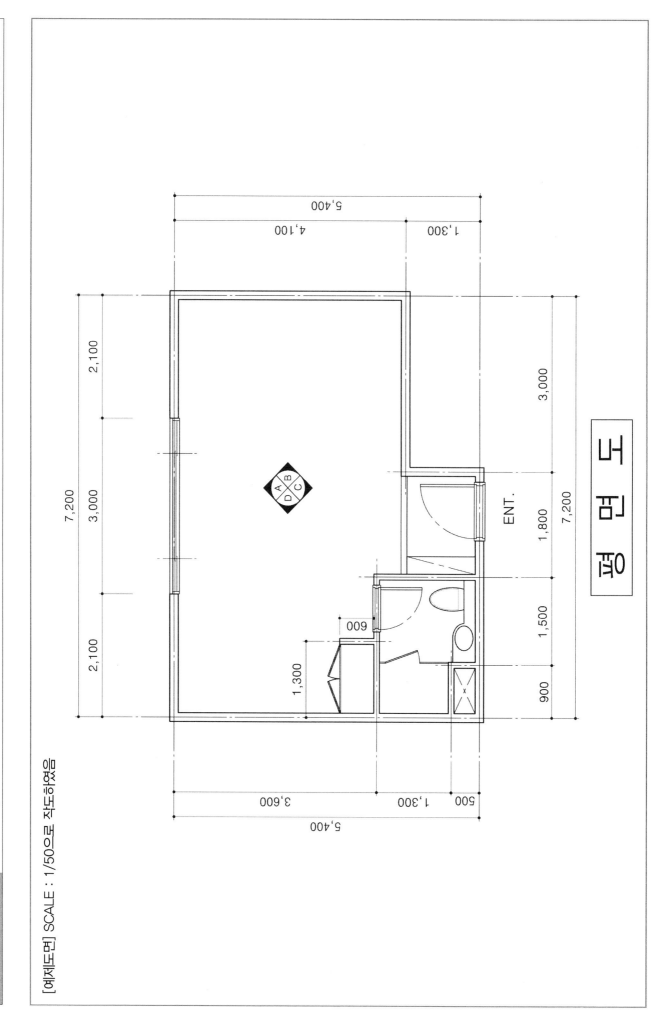

평 면 도

Profile

저자 **유 희 정**

약력

- 홍익대학교 산업미술대학원 공간디자인 석사
- (전) 삼원에스앤디(1군공제) 설계팀
- (전) 부산과학기술대학교 외래교수
- (전) SBS아카데미컴퓨터아트학원 강의
- (현) 홍익디자인학원 대표

- 한국건설인협회 초급기술자
- 한국공간디자인협회 정회원
- 직업능력개발훈련교사(건축설계 감리(3급)
- 실내건축기능사
- 실내건축산업기사
- 실내건축기사

공모전 수상경력

- 제9회 부산 국제 건축문화제 실내건축대전 수상
- 제1회 한국 인테리어코디네이션대전 수상
- 제17회 BIDA 부산 인테리어디자인대전 수상
- 제12회 DGID 대구 실내건축디자인대전 수상
- 제8회 한국 청소년시설 설계공모전 수상
- 제19회 대한민국 실내건축대전 수상
- 제6회 부산 국제 건축문화제 실내건축대전 수상

실내건축기능사 실기 작업형

발행일 | 2019. 1. 10 초판발행
2021. 3. 31 개정 1판1쇄
2022. 11. 10 개정 1판2쇄

편저자 | 유 희 정
발행인 | 정용수
발행처 | 예문사

주 소 | 경기도 파주시 직지길 460(출판도시) 도서출판 예문사
T E L | (031) 955-0550
F A X | (031) 955-0660
등록번호 | 11-76호

정가 : 25,000원

ISBN 978-89-274-3977-6 13540